“戦える”自衛隊へ

安全保障関連三文書で変化する自衛隊

稲葉義泰
JSF
数多久遠
井上孝司
芦川淳

イラスト　ヒライユキオ

イカロス出版

目次

序章 安全保障関連三文書で日本はどう変わる？ ◉稲葉義泰 5
1 三文書とは何か？ 6
2 日本の防衛戦略は、こう変わる 13

第1章 スタンド・オフ防衛能力 ◉稲葉義泰 19
射程三〇〇〇キロメートル――ケタ違いの長射程装備を自衛隊はどう用いるのか
1 スタンド・オフ防衛能力とそれを実現する装備 20
(1) スタンド・オフ防衛能力の概要
(2) スタンド・オフ防衛能力の中心的な装備
(3) スタンド・オフ防衛能力の難しさ
2 反撃能力 50
(1) そもそも反撃能力とは何か？
(2) 「反撃能力」保有――政策決定にいたる流れ
(3) 反撃能力は憲法九条や専守防衛に背くのか？

第2章 統合防空ミサイル防衛（IAMD） ◉JSF 65
弾道ミサイル、極超音速兵器、無人機……空の脅威から日本を守る新たな防空態勢
1 攻防一体の概念 66
解説 新たな脅威――極超音速兵器 69

2 弾道ミサイル迎撃……73
(1)洋上配備BMD
(2)陸上配備BMD
3 極超音速兵器迎撃……85
4 無人機迎撃……89

第3章 無人アセット防衛能力 ◉ 数多久遠……95
現代戦に不可欠な「無人兵器」が、将来の自衛隊の姿をどう変えるのか?
1 無人アセット導入の背景……96
(1)無人アセットの種類
(2)無人アセット導入による「省人化」
2 陸上自衛隊における無人アセット……104
3 海上自衛隊における無人アセット……108
4 航空自衛隊における無人アセット……118

第4章 領域横断作戦能力 ◉ 井上孝司……125
宇宙・サイバー・電磁波――「領域」をいかに連携させるのか
1 領域横断作戦で「何をしたい」のか?……126
2 戦闘空間ごとの解説……132
(1)宇宙
(2)サイバー空間
(3)電子戦
解説 単なる戦闘機と思ってはいけないF-35……152

第5章 指揮統制・情報関連機能 ◉ 井上孝司 155
「叩きたい相手」と「叩く手段」をマッチングさせる
1 領域横断作戦に不可欠な機能 156
2 JADC2統合全領域指揮統制 160

第6章 機動展開能力・国民保護 ◉ 稲葉義泰 169
東西一〇〇〇キロメートル、南西諸島への展開を支える輸送力
1 輸送能力の強化 170
2 国民保護 176

第7章 持続性・強靭化 ◉ 芦川淳 177
進化を続ける自衛隊だが、足腰の部分はどうだ？
1 屋台骨が揺らいでいた自衛隊 178
2 攻撃に耐え、戦い続けられる自衛隊へ 181

終章 「戦うため」でなく、「戦いを避けるため」の防衛力 ◉ 稲葉義泰 187

序章

安全保障関連三文書で日本はどう変わる？

解説：稲葉義泰

1 三文書とは何か?

■安全保障政策の大転換

二〇二二年一二月一六日、わが国の安全保障に関する重要事項を審議する国家安全保障会議の決定、そして閣議決定を経て、「国家安全保障戦略」、「国家防衛戦略」、「防衛力整備計画」――いわゆる「安全保障関連三文書」が公表された。

これら文書は、これまでの日本の安全保障政策を一変させると言っても過言ではないほど、防衛省・自衛隊の体制に多くの重要な変化をもたらすものであるといわれる。本書では、この安全保障関連三文書（以下、三文書）で日本の防衛政策、特に自衛隊の能力がどのように変化していくのかを、分野ごとに解説していくものだが、それに先立って、まずは「三文書とは何か」という、大枠の話から始めていこうと思う。

■それぞれどのような文書なのか?

手始めに、国家安全保障戦略、国家防衛戦略、そして防衛力整備計画が、それぞれどのようなものなのかについて、見ていくことにしよう。

まず、国家安全保障戦略だが、これは「日本という国家が、どのように自国の安全をまっとうするのか」という、安全保障に関する国家の最上位の文書である。「安全保障」とは、単に防衛（軍事）に関することだけではなく、外交や経済安全保障、サイバー、情報など、さまざまな分野をまとめる

日本の安全保障政策の大転換！

岸田文雄首相は、三文書を発表した翌月（2023年1月）の姿勢方針演説で、このように述べた。いったい、何が変化するのか?

①防衛力を5年以内に抜本的に強化する

これまで国内総生産（GDP）比でおおよそ1%程度だった防衛費（22年度5.4兆円）は、段階的に2%まで増額される（27年度関連比含め11兆円）。

②反撃能力の獲得

敵国の領域内まで届く反撃能力を導入。日本は脅威に能動的に対処できるようになる。

③日米同盟における「盾と矛」の役割変化?

これまで日本は盾（防御）に徹していたが、今後は「矛」（攻撃）の役割も果たすことになるかもしれない。

ことにより、総合的な国力を最大限活用して、初めて実現されるものだ。

国家安全保障戦略では、今後おおむね十年の期間を念頭に、日本の安全保障上の目標と、それを達成するための道筋を定め、それぞれの分野に関する政策の方針を明記している。

なお、日本の国家安全保障戦略は、二〇一三年に第二次安倍政権下で初めて策定され、今回で二回目となる。国家全体を俯瞰する安全保障政策の方針が示されたのは、これ以前には一九五七年の「国防の基本方針」まで存在せず、このときも注目を集めた。

ただし、二〇一三年の国家安全保障戦略は主に外交政策と防衛政策を中心として国家の基本方針を定めるものであったのに対して、今回の改定では先述したようにサイバーや経済、技術や情報といった分野にも戦略的な指針を与えるものとなっている。つまり、名前は同じでも内容は大幅に変わったというわけだ。


そして、この国家安全保障戦略により定められた指針を受けて、日本の防衛に関する目標を定め、同様におおむね十年の期間を念頭において、これを実現するための方法や方向性を示しているのが、国家防衛戦略だ。これは、一九七六年以降に計六回策定されてきた、自衛隊を中核とする防衛力整備の基本的方針「防衛計画の大綱（防衛大綱）」に代わるものである。

「代わるもの」といっても、これまでの防衛大綱では、たとえば脅威認識に関する内容で国家安全保障戦略と重複が見られるなど、文書間で重なっている要素があった。そこで、国家安全保障戦略レベルの文書として、脅威認識を含む国家全体の方針を示し、一方で国家防衛戦略では脅威にいかに対処するかという、防衛の方針に注力することで両者の内容や位置づけを明確化したのである。

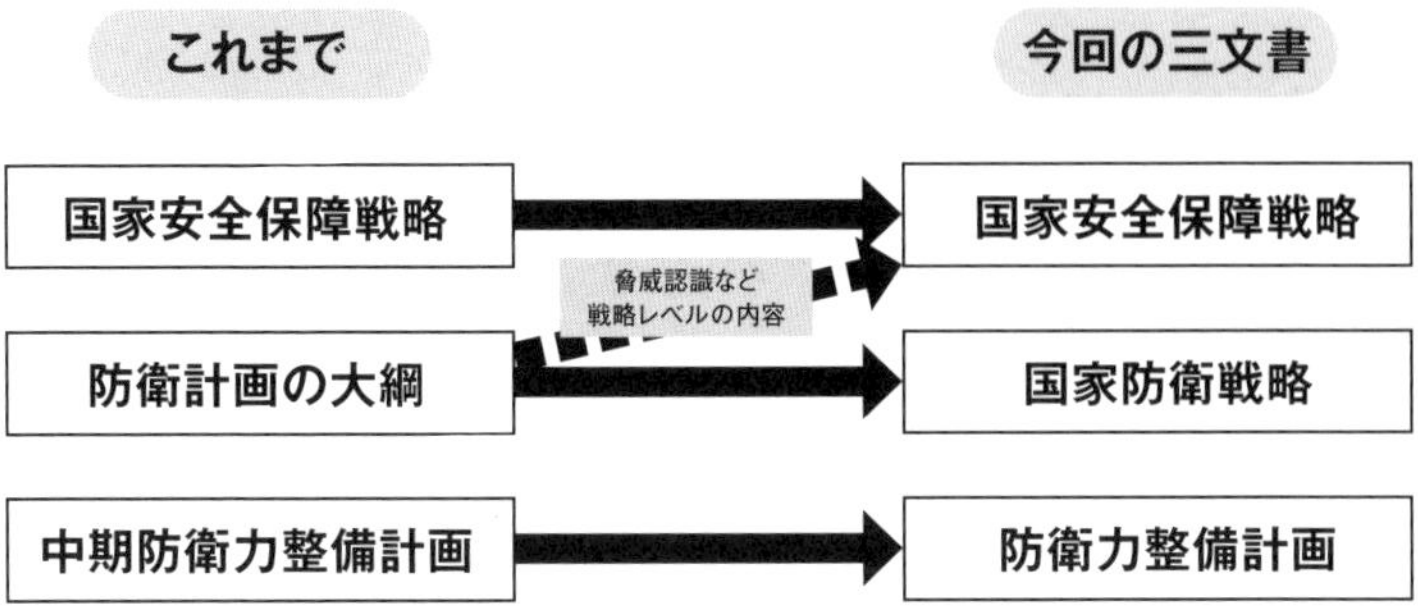

さらに、国家防衛戦略の下で、日本として保有するべき防衛力の水準や、それらの達成により目指されるおおむね十年後の自衛隊の体制、さらに今後五カ年分の経費や装備品の数量について明記しているのが、防衛力整備計画である。

こちらは、以前は「中期防衛力整備計画（中期防）」と呼ばれていた文書に代わるものだが、中期防がおおむね五年間を目途としていたのに対して、しばしば実際の装備品の取得に長期間を要することを踏まえて、防衛力整備計画では十年間を目途としている。

まとめると、安全保障に関してこれまでの三つの文書の内容を整理し、「国家安全保障戦略で日本全体としての安全保障に関する目標と道筋を定め、それに基づき国家防衛戦略が日本としての防衛面での方向性を示し、その下でより具体的な防衛力や自衛隊の体制について防衛力整備計画で定めている」というわけだ。

■なぜ「今」、三文書が策定されたのか?

二〇二二年に、日本が安全保障政策の大きな見直しを実行した背景には何があるのだろうか?　その理由としては日本を取り巻く安全保障環境が厳しくなってきたことが挙げられる。国家防衛戦略においても、「戦後、もっとも厳しく複雑な安全保障環境」

という表現が見られるように、現在私たちが暮らしているこの時代は、日本の戦後八〇年の歩みのなかで、これまでにないほど危機が高まっている、と考えられているのである。

朝鮮半島に目を向ければ、北朝鮮は国際社会からの厳しい制裁を受け続けているにも関わらず、核兵器や弾道ミサイルの開発を進めている。すでに核兵器の小型化・弾頭化にも成功していると見られており、日本にとって目前に差し迫った脅威といってよい。さらに、次世代の脅威として危険視されている「極超音速兵器」(第一・二章にて解説)や長距離巡航ミサイルなど新たな長射程兵器の整備も進めており、日本はミサイル防衛能力の強化に迫られている。

中国は、経済成長を背景にこの二〇年で軍事力を質・量の両面で著しく増強させた。二〇〇〇年代半ばに日本と同程度であった国防費は、二〇二〇年には五倍以上に膨れ上がり、今や日本を引き離してアメリカ軍に対抗しうる勢力となりつつある。本書で解説していく三文書の重視分野の多くに、「優勢な中国軍に対して、劣勢な自衛隊がどう対抗していくのか」という視点が見られる。

軍事力の増大とともに、中国は東シナ海や南シナ海で拡大主義的な行動を続けており、わが国の尖閣諸島においても中国公船の領海侵入が常態化。ここが自国の領域であるとの主張を繰り返している。台湾問題でも強気な発言が目立つようになっており、日本やアメリカなど、自由と民主主義を基調とする国際秩序を守ろうとする国々とのあいだで軋轢は高まる一方である。

そして、ロシアは二〇一四年のクリミア占領に続き、二〇二二年二月にはウクライナへの全面侵攻という暴挙に及んだ。本来は国際社会の平和と安全に責任を負うべき国連安全保障理事会の常任理事国でありながら、それとは反対に国際秩序を危機に陥れようとしている。

**戦後80年
安全保障政策
の変遷**

■冷戦期（〜1980年代）
基盤的防衛力と専守防衛

自らが力の空白として周辺の不安定要因とならない程度の、独立国として必要最小限の「基盤的防衛力」を持つとされ、「限定的かつ小規模な侵略」に対処できる防衛力整備を目指した。

専守
防衛
大規模な侵略は
日米同盟で対応

■冷戦終結（1990年代）
東アジアにおける抑止と対処の基盤

地域的・小規模紛争の時代。日本周辺では中台の対立や北朝鮮の核開発など緊張が高まり、日米同盟を「地域における抑止と対処の基盤」として、日本も地域への関与を高めた。

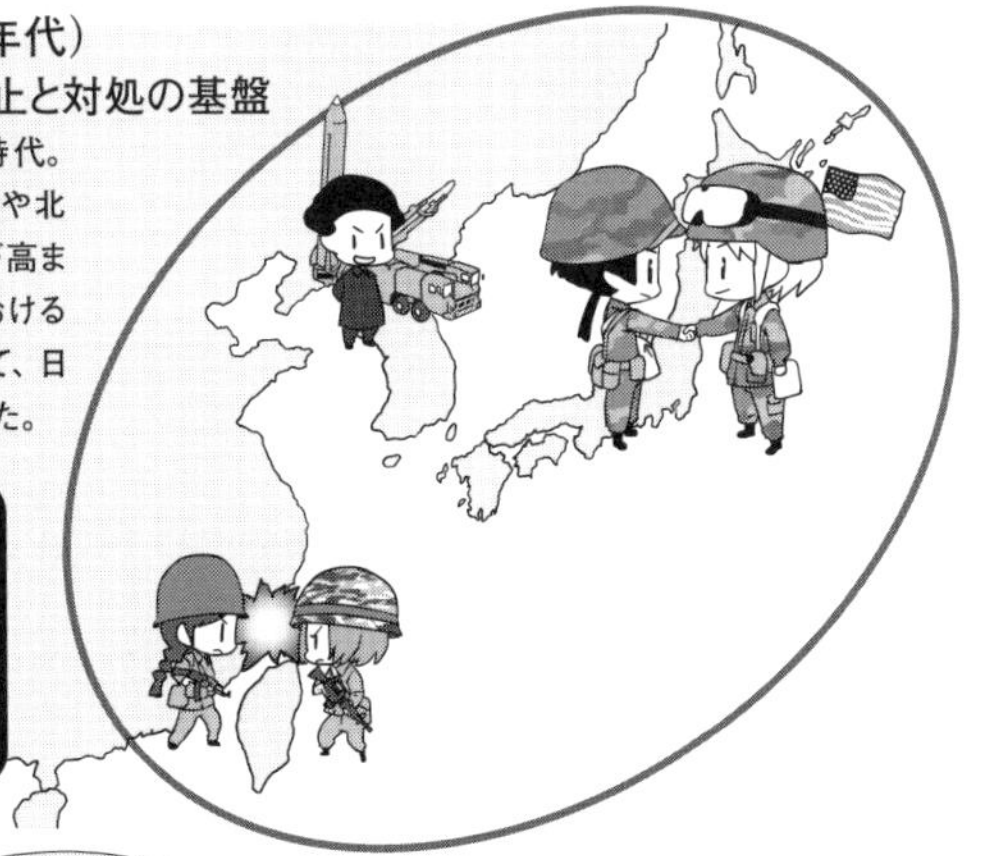

■対テロ時代（2000年代）
グローバルな対テロ支援

国際テロリズムの拡大、大量破壊兵器拡散が注目され、グローバルな国家間の協力体制が作られるなか、自衛隊も対テロ特措法などを通じて世界規模の活動に協力するようになった。

イラク復興支援
インド洋派遣

■そして現在
国家間戦争への回帰

中国やロシアなど力による現状変更を試みる動きが活発化するなかで、国家間戦争の危機が高まった。日本周辺の脅威もこれまでになく増大し、日本は安全保障体制の大幅な見直しを迫られた。

　このように、日本の周辺地域の安全保障上の脅威は、ここ数年で一気にその度合いを上げている。これら三国の動きは、現在の国際秩序を力によって変更しようとするものであり、とくに先述したロシアによるウクライナ侵攻は、その直接的・具体的な行動と言えるだろう。この侵攻によって、国際社会は新たな時代に突入したといっても過言ではない。

　日本が安全保障政策を大きく改め、三文書を策定した背景にはこうした国際環境の激変があり、自国の平和と安全、そして国際社会の安定を維持するために決断されたのである。

2 日本の防衛戦略は、こう変わる

■日本が目指す防衛目標とそのためのアプローチ

それでは、今後の日本はいかにして国家の防衛を目指すことになるのだろうか？　ここからは、とくに国家防衛戦略および防衛力整備計画の内容を中心にして、この点について見ていくことにしよう。

まず、国家防衛戦略では、今後日本が目指す防衛力について、「相手の能力と戦い方に着目」して日本の防衛能力を抜本的に強化していくとともに、「新しい戦い方」に対応していくことで、「一方的な現状変更を許さない」という意思を明確に示す、としている。これは、相手と同等な戦力を揃えるという意味ではなく、「新しい戦い方」により相手に対処可能な能力を持つことで、現在の国際秩序を力で変更しようとする試みを阻止するという意味だろう。

また、国家防衛戦略における、日本の防衛目標は以下の通りだ。①力による一方的な現状変更を許容しない安全保障環境を創出する。②力による一方的な現況変更やその試みを、同盟国・同志国等と協力・連携して、抑止・対処し、早期に事態を収拾する。③万が一、日本への侵攻が生起する場合、日本が主たる責任をもって対処し、同盟国等の支援を受けつつ、これを阻止・排除する。

つまり、最終的には日本単独で脅威に対処できる能力が必要としながらも、同盟国アメリカや、同じく「自由で開かれた国際秩序」という価値観を共有する各国（同志国）との国際的な連携を積極的に強化・推進することで、事前または早期に脅威を封じ込めることを目指している。

そして、日本が脅威に対処するため防衛力の抜本的強化について、その基本的な考え方を以下のようにまとめている。

●日本への侵攻を日本が主たる責任をもって阻止・排除し得る能力——つまり、相手にとって軍事的手段では日本侵攻の目標を達成できず、生じる損害というコストに見合わないと認識させ得るだけの能力を備える。

●日本への侵攻を抑止できるよう、常続的な情報収集・警戒監視・偵察（ＩＳＲ）能力を持つ。もし、何らかの事態が発生しそうな場合にも、柔軟な対応手段を持つことで、これを抑止・拡大防止する。また、拡大期の脅威に対して平時からシームレスに（段階を追って適切に）対処できる能力を備える。

●新しい戦い方に対応できる能力を備える。

■「新しい戦い方」への対応と、七つの重視分野

上記の防衛力の抜本的強化について、これからの自衛隊の姿を決定すると思われるのが「新しい戦い方に対応できる能力」だろう。国家防衛戦略および防衛力整備計画では、この新しい戦い方に対応するために必要な「七つの重視分野」を明記している。

［1］スタンド・オフ防衛能力

「スタンド・オフ」とは「遠く離れた」といった意味がある。広い海を挟んだ中国との軍事衝突を

防衛力強化の基本的な考え方

①日本への侵攻を阻止・排除し得る能力

相手が目標を達成できず、また侵攻のコストに見合わないと思わせるだけの防衛力。

②常続的な情報収集・警戒監視・偵察能力と、脅威に対して平時からシームレスに対処できる能力

常に情報収集を怠らず、事態が悪化する予兆があっても、段階に応じた柔軟な対応手段を持っておくことで、悪化を抑制する。

中国の拡大主義的主張に対して、日本やアメリカは平時から南シナ海や台湾海峡で「航行の自由」作戦を実施して抑制に努めている。

③「新しい戦い方」に対応できる能力

相手の能力や戦い方を理解し、これに適切に対処できる「新しい戦い方」を整備していく。

「スタンド・オフ防衛能力」など「新しい戦い方」に対応するための7つの重視分野が示された。

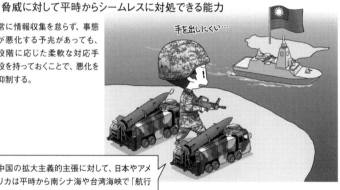

考えたとき、まず長射程対艦ミサイルや巡航ミサイル、弾道ミサイルや極超音速兵器などによる攻撃を受ける可能性が高い。

これに対して、これまで自衛隊が保有してきた短い射程のミサイルでは対応することは困難となるだろう。そこで、敵の脅威圏外（つまり敵の攻撃が届かない場所）から攻撃可能な長射程の装備を活用する「スタンド・オフ防衛能力」を獲得していく。

［2］統合防空ミサイル防衛能力（IAMD）

先述した北朝鮮のように、弾道ミサイルなど長射程ミサイルは日本にとって差し迫った脅威となっている。これに対処するため、探知するセンサー（早期警戒レーダー等）と、迎撃するシューター（迎撃ミサイル等）を一元的に運用し、さらに敵のミサイル発射能力を奪う反撃能力までを組み合わせた「統合防空ミサイル防衛」により、敵の攻撃に対して一体的で効率的な対処を実現する。

［3］無人アセット防衛能力

有人の装備品に比べて比較的安価で、かつ破壊されたとしても人的損耗の心配がない無人装備（無人アセット）を活用することで、効率的な防衛能力の獲得を目指す。

［4］領域横断作戦能力

陸・海・空という従来の領域（戦闘空間）だけではなく、近年は宇宙空間や、サイバー空間・電磁波領域といった新たな領域まで戦場は広がった。これら複数の領域における能力を融合させる「領域横断作戦能力」によって敵に対する優位の獲得を目指す。

◆「新しい戦い方」に対応するために必要な機能・能力

侵攻そのものを抑止するために、遠距離から侵攻戦力を阻止・排除するための能力。

①スタンド・オフ防衛能力　②統合防空ミサイル防衛能力

抑止が破られた場合、①と②に加えて、相手に対して優勢を確保するための能力。

③無人アセット防衛能力　④領域横断作戦能力

粘り強く活動し続けるための能力。これにより相手の侵攻意図を断念させる。

⑥機動展開能力・国民保護　⑦持続性・強靭性

［5］指揮統制・情報関連機能

新たな能力や体制を獲得し、複数の領域にまたがる防衛を目指す自衛隊にとって、これらを最大限に活用するためのリアルタイムな情報収集や状況判断といった、複雑な戦闘状況を把握できる指揮統制能力の整備は急務である。人工知能（AＩ）などを活用しつつ、情報収集・判断能力を大幅に向上させ、さらに偽情報流布などを含む情報戦への対応能力を抜本的に強化する。

［6］機動展開能力・国民保護

中国との戦いの最前線として沖縄を含む南西諸島がクローズアップされている。島嶼部への侵攻に対しては、全国から部隊を迅速に移動させる必要があるが、そのためには既存の輸送能力では不充分であり、その拡充が求められている。輸送機や輸送艦艇の数を増やすとともに、民間の輸送力や交通インフラ（港湾や空港）の活用の幅を増やす。さらに強化された輸送力により、有事には島嶼部住民の避難を実施し、「機動展開能力」と「国民保護」を両立させていく。

［7］持続性・強靭性

これまで、自衛隊の装備品や予備部品や弾薬の不足により、有事における運用に大きな問題があると指摘されてきた。今後は、新規装備を導入するだけでなく、既存装備の部品や弾薬の不足を解消させていく。

２０２７年度までに、弾薬の必要量を確保し、また部品不足の解消により装備品の稼働率の向上を目指す。また、弾薬の製造体制強化や、弾薬庫の増設も行う。

三文書では、これら七つの項目についておおむね五年後である二〇二七年までに完成させ、さらに十年後の二〇三二年までにさらに強化させていく方針だ。それぞれの内容については、このあと本書内で詳しく解説していく。

序章の最後に、今回の三文書で注目されるべき点として「反撃能力」を挙げておきたい。以前は「敵基地攻撃能力」とも呼ばれていた。これは、敵の長距離ミサイル発射装置や航空機の基地といった「攻撃のもとを叩く」というもので、先述の統合防空ミサイル防衛や、スタンド・オフ防衛能力に関わってくる。日本が自国の領土・領海を超えて、敵国の領域内を攻撃する能力の獲得を示したことで、大きな注目を集めた。

また、日本が敵国の領域に達する能力を持ったことは、日米安全保障条約における従来の日米の基本的な役割分担、つまり「日本が盾、アメリカが矛」の関係に変化を加えるものという見方もある（反撃能力について、詳しくは第一章で解説する）。

いずれにしても、これまでの政策判断として「持たない」とされてきた反撃能力の保有に舵を切ったことは、現在の日本を取り巻く安全保障環境がいかに変化したのか、その重大さを明確にあらわしていると言えるだろう。

第1章

スタンド・オフ防衛能力

射程三〇〇〇キロメートル
――ケタ違いの長射程装備を自衛隊はどう用いるのか？

解説：稲葉義泰

1 スタンド・オフ防衛能力とそれを実現する装備

■「スタンド・オフ防衛能力」と「反撃能力」

三文書に関して、重視分野の筆頭に挙げられた「スタンド・オフ防衛能力」は、自衛隊が過去に手にしたことのない長射程ミサイルを導入するもので、「反撃能力（または敵基地攻撃能力）」という言葉とあわせてメディアで大きく注目を集めたように思う。これら二つは互いに区別されるべきものなのだが、その点について報道などでは意識されている例は少ないように思われる。たしかに、反撃能力を単に「射程の長いミサイルで敵を攻撃する能力」と理解されているとすれば、それも仕方ない。

この章ではスタンド・オフ防衛能力と反撃能力について その実態を理解するためにも、少し深掘りしながら両者について整理していくことにしよう。

(1)スタンド・オフ防衛能力の概要

■スタンド・オフ防衛能力とは何か

「スタンド・オフ（stand -off）」とは「(危険などから）離れる」という意味の言葉だが、スタンド・オフ防衛能力とはいったいどのような能力なのだろうか？ 三文書を構成する国家安全保障戦略において、スタンド・オフ防衛能力は次のように説明されている。

「東西南北、それぞれ約三〇〇〇キロメートルに及ぶ我が国領域を守り抜くため、島嶼部を含む我が国に侵攻してくる艦艇や上陸部隊等に対して脅威圏の外から対処するスタンド・オフ防衛能力を抜本的に強化する。

まず、我が国への侵攻がどの地域で生起しても、我が国の様々な地点から、重層的にこれらの艦艇や上陸部隊等を阻止・排除できる必要かつ十分な能力を保有する。次に、各種プラットフォームから発射でき、また、高速滑空飛翔や極超音速飛翔といった多様かつ迎撃困難な能力を強化する。

このため、二〇二七年度までに、地上発射型及び艦艇発射型を含めスタンド・オフ・ミサイルの運用可能な能力を強化する。その際、国産スタンド・オフ・ミサイルの増産体制確立前に十分な能力を確保するため、外国製のスタンド・オフ・ミサイルを早期に取得する。今後、おおむね一〇年後までに、航空機発射型スタンド・オフ・ミサイルを運用可能な能力を強化するとともに、変則的な軌道で飛翔することが可能な高速滑空弾、極超音速誘導弾、その他スタンド・オフ・ミサイルを運用する能力を獲得する」（「国家防衛戦略」一七–一八頁、改行は筆者）

この記述を整理すると、スタンド・オフ防衛能力について以下のようにまとめることができる。

●スタンド・オフ防衛能力とは、広大な日本の領域を防衛するために、侵攻してくる艦艇や上陸部隊に対して、敵の対艦ミサイルや対空ミサイルなど、わが方が危険に晒されるような兵器の「射程圏外から対処する能力」のこと。

●日本のどこが攻撃されたとしても、日本国内のさまざまな地点から複数の手段により（重層的に）、

スタンド・オフ防衛能力とは

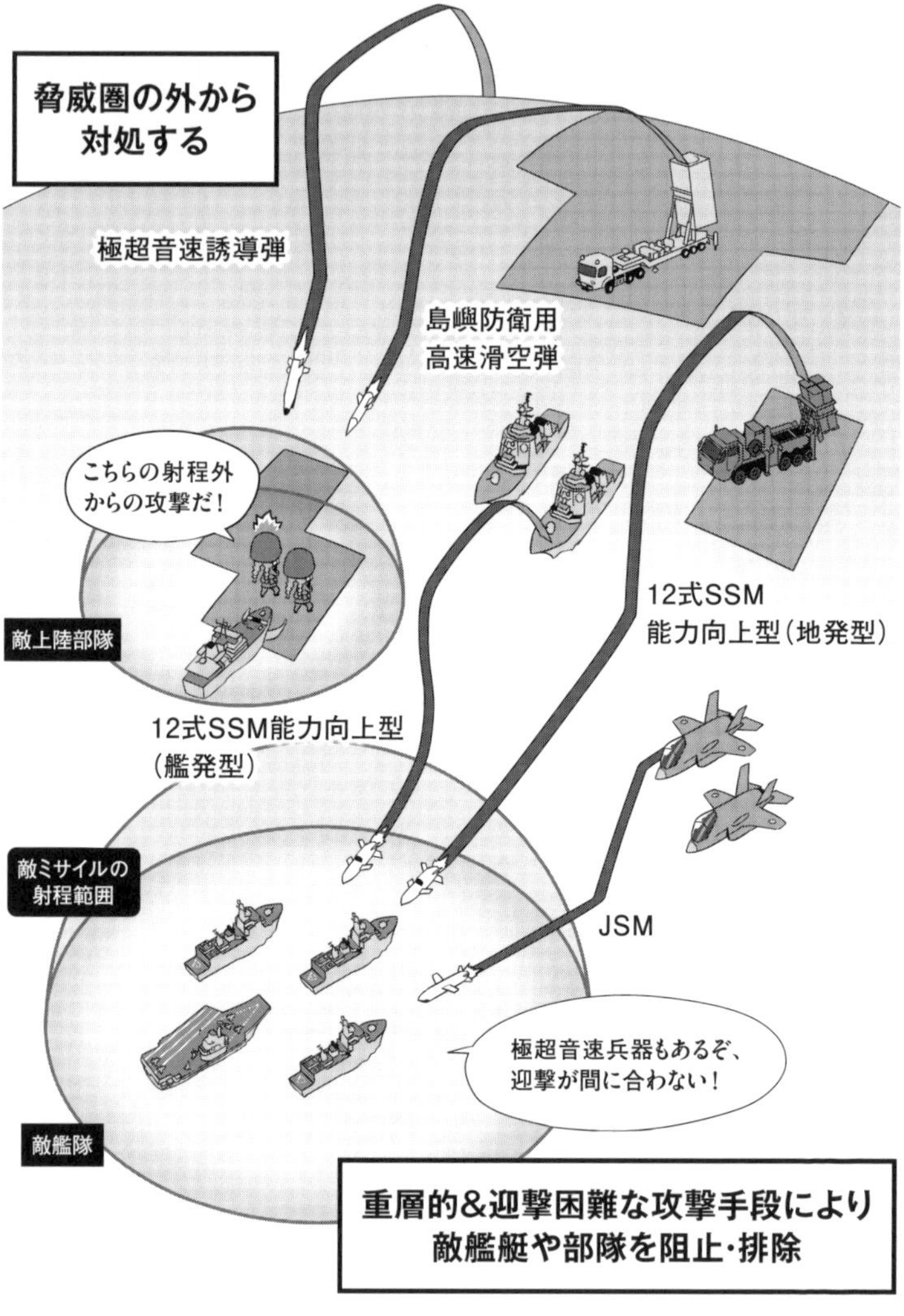
脅威圏の外から
対処する
極超音速誘導弾
島嶼防衛用
高速滑空弾
こちらの射程外
からの攻撃だ！
敵上陸部隊
12式SSM
能力向上型（地発型）
12式SSM能力向上型
（艦発型）
敵ミサイルの
射程範囲
JSM
極超音速兵器もあるぞ、
迎撃が間に合わない！
敵艦隊
重層的&迎撃困難な攻撃手段により
敵艦艇や部隊を阻止・排除

敵の艦艇や上陸部隊を阻止・排除できる充分な能力を持つ。

●陸上の発射装置、海上の艦艇、空中の航空機など、各種のプラットフォームから発射でき、かつ「高速で軌道変更しながら飛んでいくミサイル」や、「マッハ5以上の極超音速で飛んでいくミサイル」（極超音速兵器〔※1〕）など、敵にとって迎撃が困難な装備を保有する。

あわせて、今後の見通しとして以下のように記されている。

●二〇二七年度までに地上発射型および艦艇発射型の新型スタンド・オフ・ミサイルを配備する。国産開発を目指すが、時間がかかるため中継ぎとして既存の外国製ミサイルを購入する。

●（二〇二二年より）一〇年後の二〇三二年度までに、航空機発射型のスタンド・オフ・ミサイルの運用能力を強化する。また、極超音速兵器や、その他のスタンド・オフ・ミサイルを運用する能力も獲得する。

スタンド・オフ防衛能力とは、まさに読んで字のごとく「敵のミサイルなどが届かない離れた場所から攻撃できる」能力のことで、その中核となるのが「敵を離れた場所から攻撃できる、長い射程を誇る」スタンド・オフ・ミサイルというわけだ。

■三文書にいたる経緯

日本において、スタンド・オフ防衛能力の整備がスタートしたのは、二〇一八年に策定された防衛大綱（「平成31年度以降に係る防衛計画の大綱について」、通称「30大綱」）と「中期防衛力整備計画（中

※1：極超音速兵器とは「飛行速度が概ねマッハ５を超える飛翔体で、飛翔中に一定の機動が可能なもの」を指す。近年、各国で開発が進んでいる。69ページにて詳しく解説している。

期防）」においてのこと。中国の軍事力増強にともない、南西諸島を含めた日本の島嶼防衛能力の大幅な拡充が求められたことを受けて、「我が国への侵攻を試みる艦艇や上陸部隊等に対して、自衛隊員の安全を確保しつつ、侵攻を効果的に阻止するため、相手方の脅威圏の外から対処可能」なスタンド・オフ防衛能力の整備が明記されたのである。

その後、この30大綱および中期防で示された方針に関連して、二〇二〇年一二月に「新たなミサイル防衛システムの整備等及びスタンド・オフ防衛能力の強化について」と題された閣議決定が行われた。このなかで、スタンド・オフ防衛能力の強化については次のように明記されている。

「自衛隊員の安全を確保しつつ、我が国への攻撃を効果的に阻止する必要があることから、島嶼部を含む我が国への侵攻を試みる艦艇等に対して、脅威圏の外からの対処を行うためのスタンド・オフ防衛能力の強化のため、中期防において進めることとされているスタンド・オフ・ミサイルの整備及び研究開発に加え、多様なプラットフォームからの運用を前提とした12式地対艦誘導弾能力向上型の開発を行う」

この閣議決定に基づき、各種プラットフォームからの発射を前提とする新たなミサイルの開発が進められることとなり、今回の三文書でのスタンド・オフ防衛能力、およびその中核となるスタンド・オフ・ミサイルの記述へとつながっていくことになったわけだ。

◆巡航ミサイルと弾道ミサイル

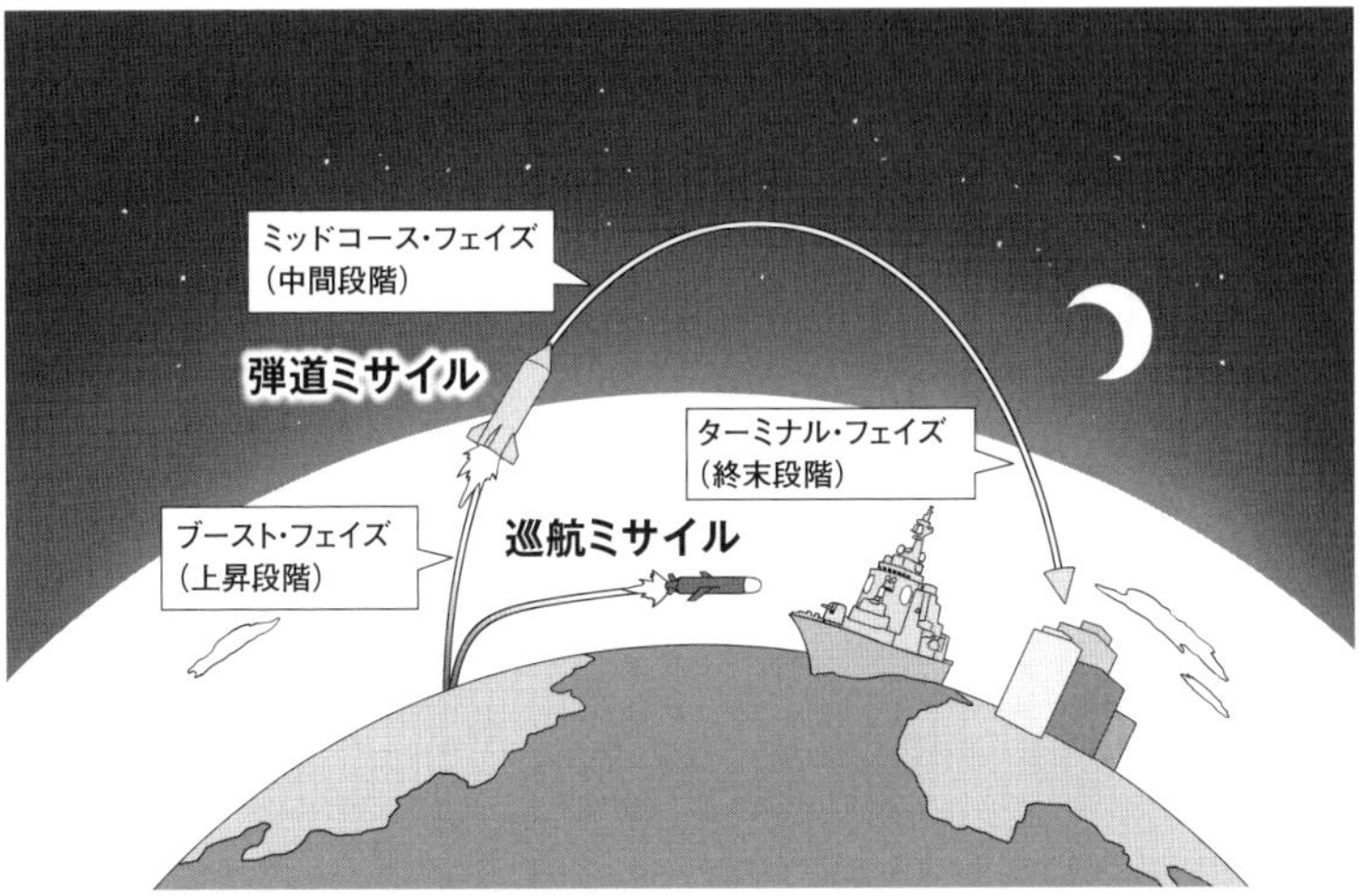
ミッドコース･フェイズ
(中間段階)
弾道ミサイル
ターミナル･フェイズ
(終末段階)
ブースト･フェイズ
(上昇段階)
巡航ミサイル

スタンド・オフ・ミサイルの解説に入る前に、「弾道ミサイル」と「巡航ミサイル」について概要だけ説明しておきたい。現代の長射程ミサイルは、おおむねこのどちらかに分類される。この両者は、まったく異なるもので、飛び方はそれぞれ弾道ミサイルは宇宙ロケットに、巡航ミサイルは飛行機に似ていると考えればいいだろう。

　また、「弾道ミサイル＝核兵器」と思われがちだが、あくまでミサイルは「運搬手段」であって、必ずしも核爆弾を積んでいるわけではない。

弾道ミサイル：ロケットで打ち上げる。弾頭は楕円軌道を描いて目標に落下してくる。飛行はブースト／ミッドコース／ターミナルの3段階（フェイズ）に分けられる。
・射程が長い（最大で1万km以上）
・終末段階ではかなりの高速（マッハ6～20）となり迎撃が難しい
・巡航ミサイルに比べると精度は劣る

巡航ミサイル：翼と推進力を持ち、飛行機のように飛んで目標へと向かう。
・弾道ミサイルに比べると射程が短い（最大で数千km）
・弾道ミサイルに比べると低速（多くは亜音速）
・精度が高く、ピンポイントの攻撃が可能

(2)スタンド・オフ防衛能力の中心的な装備

■導入予定のスタンド・オフ・ミサイル

スタンド・オフ防衛能力を実現するスタンド・オフ・ミサイルとして、これから自衛隊にはどのような装備が配備されていくことになるのだろうか？ 本書を執筆する二〇二三年夏の時点で導入を予定している（予算が確保されている）スタンド・オフ・ミサイルについて、以下に列挙していく。また、陸海空自衛隊のいずれで運用されるものなのか［］で付記する。

①トマホーク［海］

トマホークは、一九七〇年代にアメリカで開発がスタートし、八〇年代から配備された対地巡航ミサイルだ。現在、アメリカとイギリスのみが運用しているミサイルだが、非常に高い知名度を誇っている。

トマホークの射程は一六〇〇キロメートル超と非常に長大で、一九九一年の湾岸戦争や二〇〇三年のイラク戦争、さらに最近では二〇一七年および一八年のアメリカ軍によるシリア空軍基地への攻撃（二〇一八年は米英仏による共同軍事作戦）など、実戦にも数多く投入されている。

目標への誘導方式には、慣性航法やGPS誘導［※2］のほか、「地形等高線照合誘導（TERCOM）」［※3］や「デジタル風景照合装置（DSMAC）」［※4］といった機能を備えており、非常に高い精度のピンポイント攻撃を実施することが可能となっている。現行バージョンである「ブロックⅣ」では、データリンクにより飛行中に目標を変更したり、あるいは飛行ルートを即座に変更することも可能となっており、加えて搭載するカメラの映像を司令部等に送信することが可能で、攻撃の評価や新たに

※2：慣性航法とは、内蔵されたジャイロと加速度計により進行方向と速度を計算し続けることで、移動距離や自分の位置を把握して目標に向かう方式。またGPS誘導は、文字通り衛星測位システムにより、自分の位置を把握して目標に向かう。

導入予定のスタンド・オフ・ミサイル

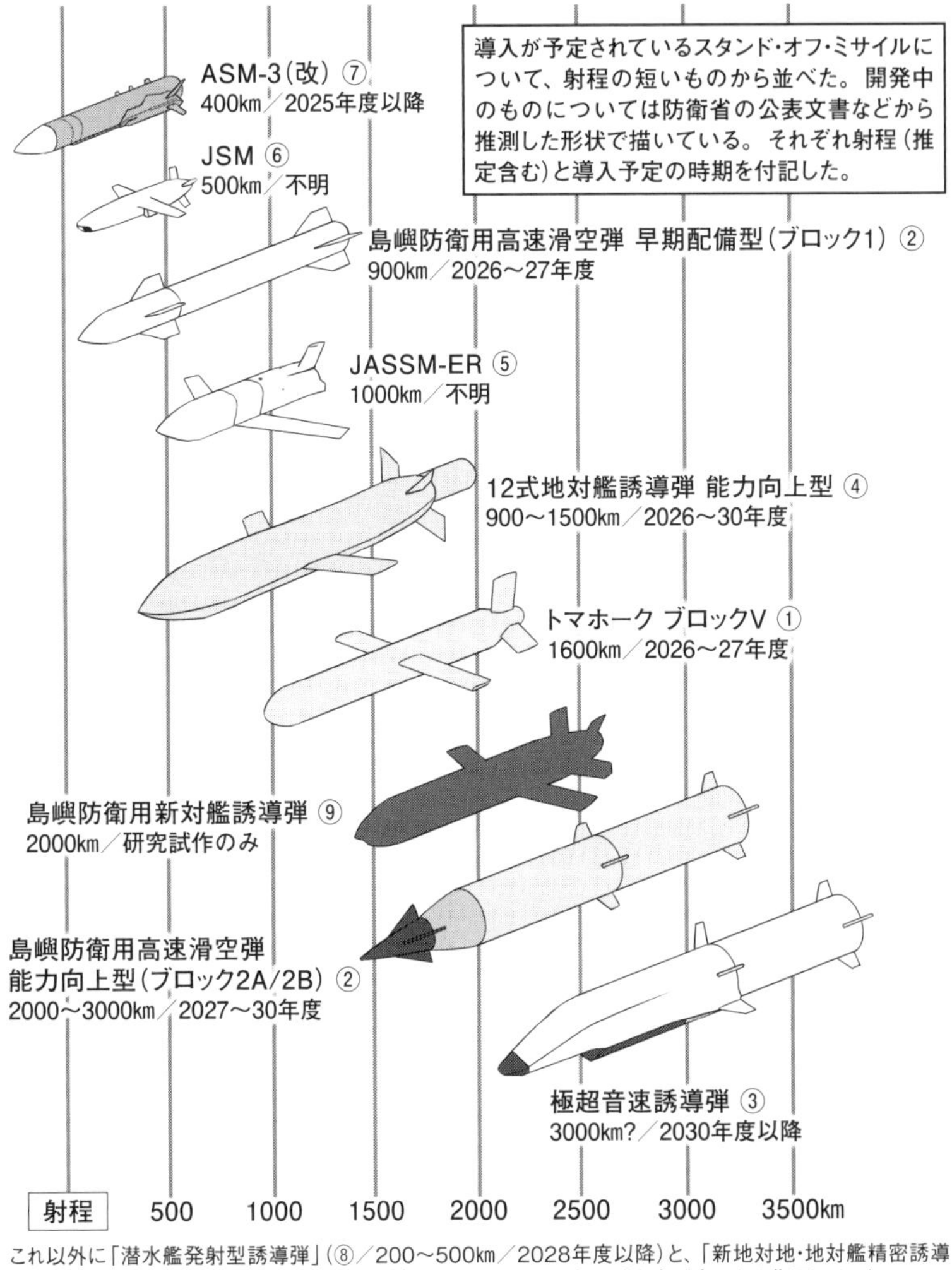
導入が予定されているスタンド・オフ・ミサイルについて、射程の短いものから並べた。開発中のものについては防衛省の公表文書などから推測した形状で描いている。それぞれ射程（推定含む）と導入予定の時期を付記した。
ASM-3（改）⑦
400km／2025年度以降
JSM ⑥
500km／不明
島嶼防衛用高速滑空弾 早期配備型（ブロック1）②
900km／2026～27年度
JASSM-ER ⑤
1000km／不明
12式地対艦誘導弾 能力向上型 ④
900～1500km／2026～30年度
トマホーク ブロックV ①
1600km／2026～27年度
島嶼防衛用新対艦誘導弾 ⑨
2000km／研究試作のみ
島嶼防衛用高速滑空弾
能力向上型（ブロック2A/2B）②
2000～3000km／2027～30年度
極超音速誘導弾 ③
3000km?／2030年度以降
射程
500
1000
1500
2000
2500
3000
3500km

これ以外に「潜水艦発射型誘導弾」（⑧／200～500km／2028年度以降）と、「新地対地・地対艦精密誘導弾」（⑩／1000～2000km／2030年度以降）が計画されているが、不明な点が多いため作画していない。

※3：地形等高線照合誘導とは、進路上の等高線地図情報（デジタルマップ）と、レーダー高度計で計測された地面の距離を照合して、自分の位置や進路を把握するもの。簡単に言うなら、地形を見ながら目標までの進路を決める方法。TERCOMとはTERrain Contour Matchingの略。

出現した目標にも対応することができる。
二〇二一年に、アメリカ海軍に納入されたばかりの最新バージョンである「ブロックV」では、誘導装置やデータリンクが強化された。そして、ブロックVの発展型で開発中の「ブロックVa」では、洋上の移動目標を攻撃するためのセンサーが追加され、艦艇なども攻撃することが可能となる予定だ。

日本は令和5年度予算において、合計四〇〇発分のトマホーク取得予算（二一一三億円）と、トマホークを運用する予定のイージス艦に搭載する関連機材の取得予算（一一〇四億円）を盛り込んでいる。イージス艦への配備は二〇二六年度から二七年度にかけて実施される予定で、報道によれば「こんごう」型を含め海上自衛隊が保有する八隻すべてのイージス艦に搭載される見込みだと言う。

既存のトマホークは、開発中の国産スタンド・オフ・ミサイル（後述する12式地対艦誘導弾能力向上型）が配備されるまでの「つなぎ」としての役割が大きく、即座に導入可能で、かつ高性能な巡航ミサイルとしては、これ以外の選択肢は無かったといえるだろう。首相の国会答弁によれば、日本が導入するのは最新バージョンであり、このことからブロックVが配備されるとみられる。

ただし、二〇二三年十月四日にアメリカのワシントンD.C.において行われた日米防衛相会談において、トマホーク四〇〇発分のうち、およそ半分の二〇〇発あまりを先述したブロックⅣに置き換え、その分導入を一年前倒しすることで合意したとの発表がなされた。

こちらも射程はブロックVと同じく約一六〇〇㎞であり、能力的に大きく見劣りするというわけではない。二〇二五年度から配備が必要とされた背景やその意図は不明だが、おそらくまずはすぐ手に入るものを配備して、要員の訓練や運用能力の向上を図るつもりだろう。ただ、これと併せて発表された防衛省の声明では、国産のスタンド・オフ装備の配備前倒しにも言及されており、脅威評価や見

※4：デジタル風景照合とは、あらかじめインプットされている目標周辺の画像情報とミサイルの光学センサーが捉えた実際の風景を照合して目標を判別するもの。簡単に言えば、写真を見て目標の建物を判断する方法。DSMACとはDigital Scene Matching Area Correlatorの略。

島嶼防衛用高速滑空弾

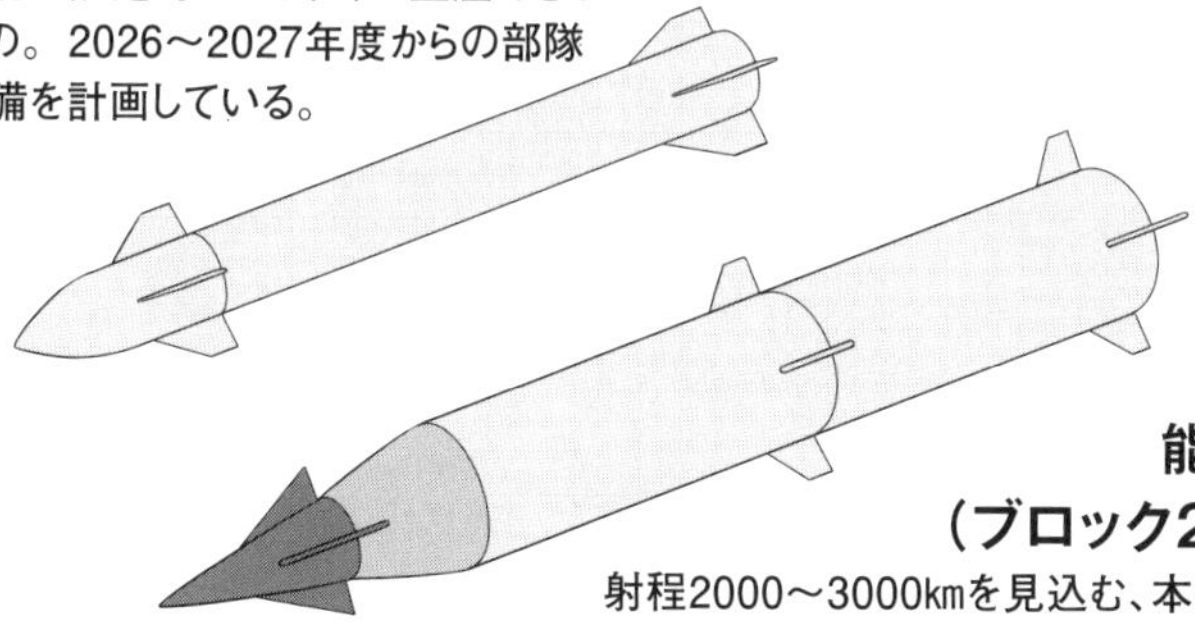

早期配備型（ブロック1）
性能は限定的だが、すぐに量産できるもの。2026～2027年度からの部隊配備を計画している。

能力向上型（ブロック2A／2B）
射程2000～3000㎞を見込む、本命のスタンド・オフ・ミサイル。同じ「島嶼防衛用高速滑空弾」の名を持つが、ブロック1とブロック2A／2Bはまったく異なるミサイルになると思われる。

◆滑空飛翔により迎撃困難
島嶼防衛用高速滑空弾は、いわゆる極超音速兵器（極超音速滑空体）であり、高速と滑空飛翔により迎撃を困難にしている。

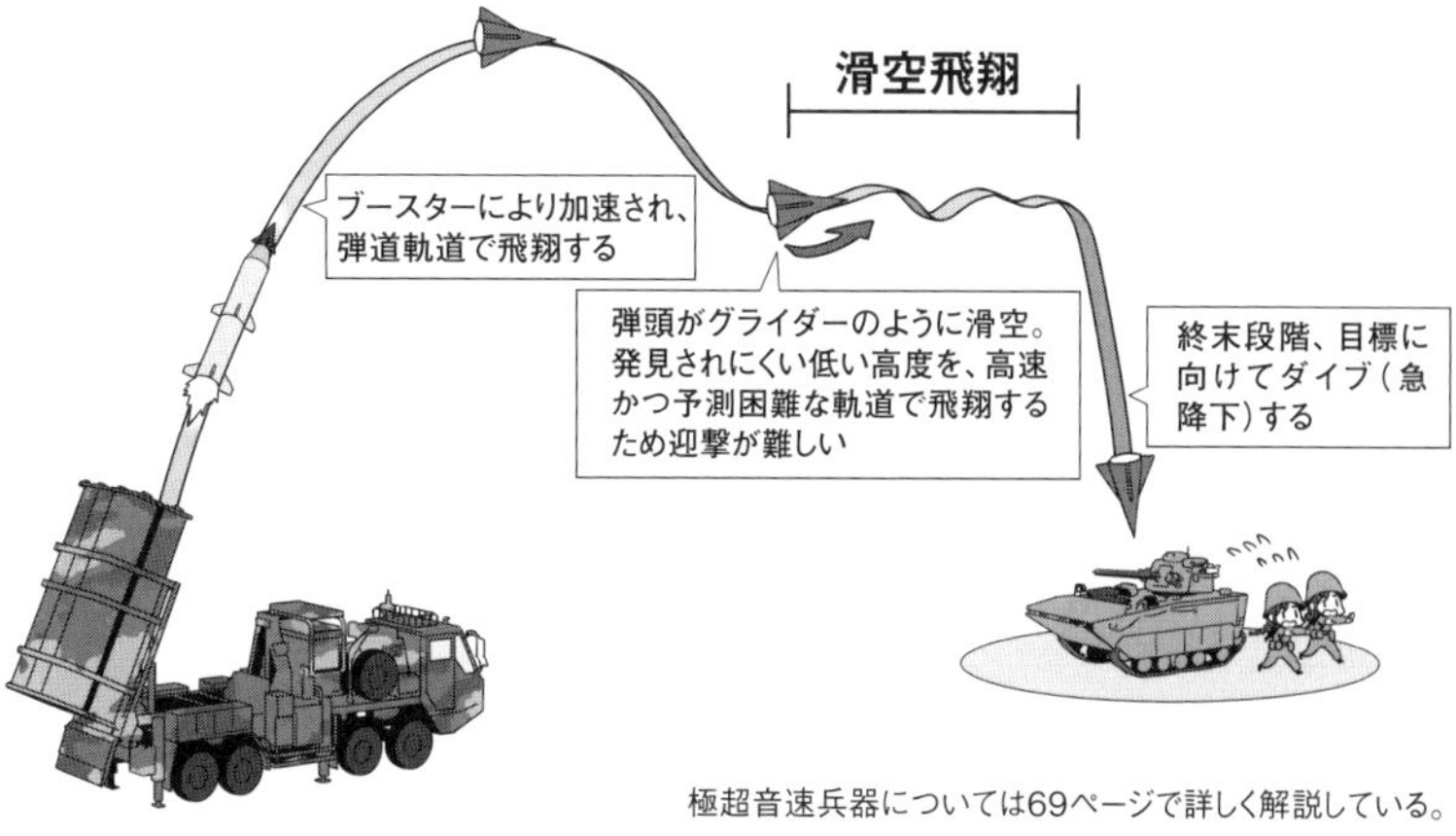
滑空飛翔
ブースターにより加速され、弾道軌道で飛翔する
弾頭がグライダーのように滑空。発見されにくい低い高度を、高速かつ予測困難な軌道で飛翔するため迎撃が難しい
終末段階、目標に向けてダイブ（急降下）する

極超音速兵器については69ページで詳しく解説している。

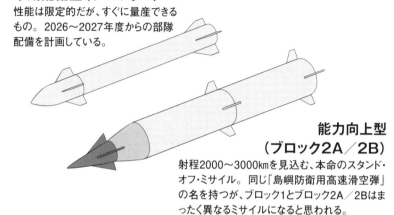

積もりの結果、スタンド・オフミサイルの配備を全体的に早める必要性が高まった可能性もあるが、詳細は不明だ。

②島嶼防衛用高速滑空弾［陸］

島嶼防衛用高速滑空弾は、島嶼部に侵攻してきた敵の部隊等を遠距離から（つまりスタンド・オフで）安全かつ早期に攻撃するためのミサイルで、陸上自衛隊への配備が予定されている。

プラットフォームである地上車両から発射後、一定の高度に到達するとブースターが分離、弾頭がグライダーのように滑空しながら飛翔して、目標に対して直上から攻撃を行う。高度が弾道ミサイルより低いため早期の探知が難しく、また飛翔速度が速いことから迎撃の対処時間は限られる。また飛翔中は一定の軌道変更も可能であるため、迎撃はさらに困難となる。

二段階での配備を計画しており、取り急ぎ性能が限定的な「早期装備型（ブロック1）」を二〇二三年度より量産開始し、二〇二六年度および二七年度から順次部隊配備を行う。その一方で、本命となる「能力向上型（ブロック2A／2B）」を開発することとなっている。

ブロック1の飛翔速度は超音速で、射程距離もおそらく900キロメートル程度といったところ。配備部隊は新設の「島嶼防衛用高速滑空弾大隊」とされており、沖縄や尖閣諸島の防衛を見据えて、九州に配置されるとみられている。

一方で、ブロック2A／2Bでは飛翔速度が極超音速となり、射程距離もブロック2Aが二〇〇〇キロメートル、ブロック2Bでは三〇〇〇キロメートル程度を見込んでいるようだ。配備部隊は、やはり新設の「長射程誘導弾部隊」で、こちらは本州あるいは北海道に配置されるとみられている。ブロック2Aの配備は早くとも二〇二七年度以降、ブロック2Bの配備は二〇三〇年度以降になる見通しだ。

防衛省が公開しているイメージイラストによると、ブロック1はトラックの荷台部分に二発が装備されていることから、ある程度コンパクトなミサイルとなっていることが伺える。それに対して、ブロック2A／2Bではトラック牽引式の発射機に一発が搭載されており、かなり大型のミサイルであるようだ。

ブロック2A／2Bの射程であれば、本州北部や北海道から南西諸島に侵攻してきた敵を攻撃できるため、発射車両の安全性は格段に向上する。当然、距離が遠くなればミサイルが目標に命中するまで時間は長くなるが、極超音速で飛翔するため、そこは大きな問題とならない。

③極超音速誘導弾［陸］

地上から発射され、高高度を超音速および極超音速で飛翔したのち、敵艦艇や地上目標を攻撃する対地／対艦巡航ミサイルである。

推進方式には、加速用のラムジェット・エンジンと、巡航用のスクラムジェット・エンジン［※5］を、速度域に応じて使い分けるデュアルモード・スクラムジェット・エンジンが用いられる。ただし、通常の航空機に搭載されたターボファン・エンジンとは異なり、ラムジェット・エンジンは超音速まで加速しなければ始動できないため、地上発射装置からブースターを使って一定の速度・高度まで上昇させる必要がある。防衛装備庁では、このブースターによる加速を最低限に抑え、誘導弾全体の小型化に努めるようだ。

※5：スクラムジェット・エンジンは、ラムジェット・エンジンの一種。通常のラムジェット・エンジンは吸気した空気を亜音速まで減速・圧縮したのちに燃焼させるが、スクラムジェット・エンジンでは超音速のまま用いる。ラムジェット・エンジンがマッハ3〜5に適しているのに対して、スクラムジェット・エンジンはマッハ5以上で使用される。

極超音速誘導弾

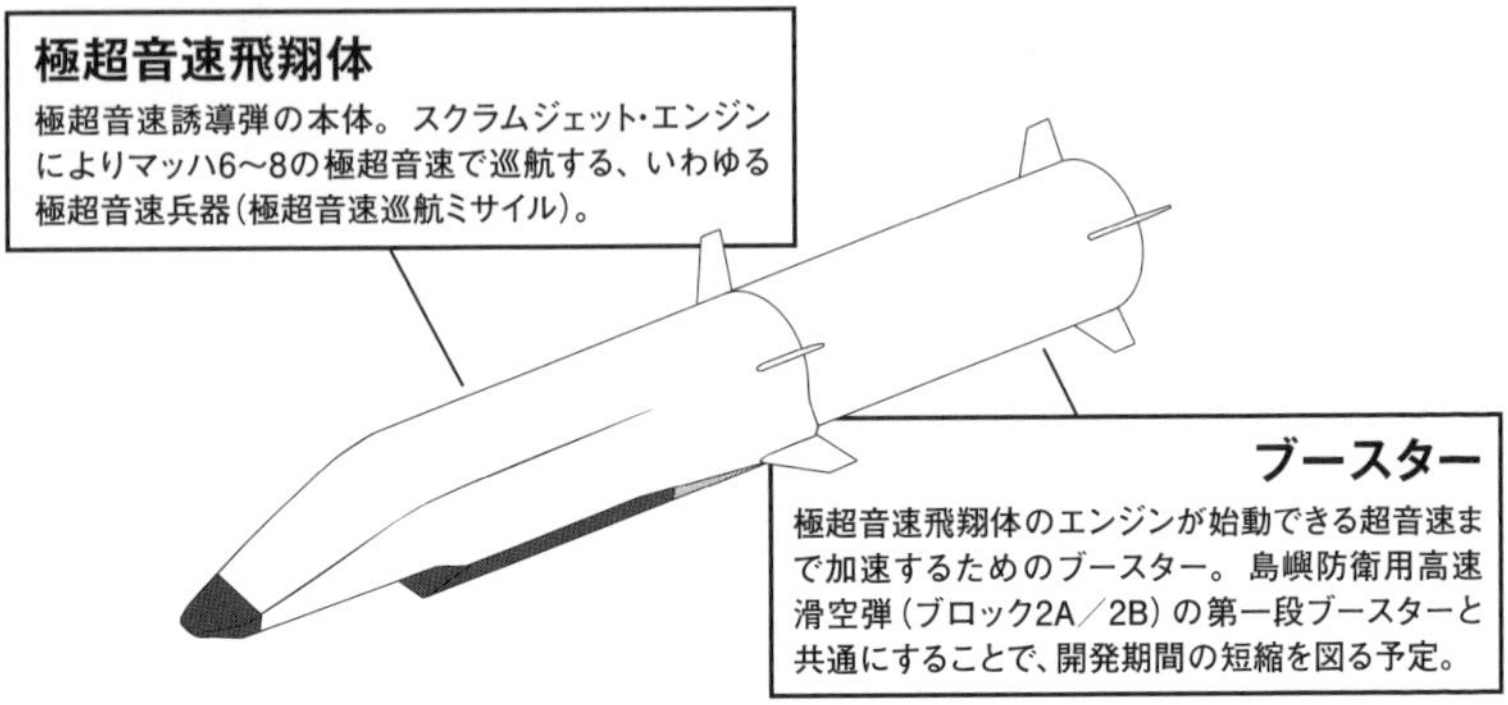
極超音速飛翔体
極超音速誘導弾の本体。スクラムジェット・エンジンによりマッハ6〜8の極超音速で巡航する、いわゆる極超音速兵器(極超音速巡航ミサイル)。
ブースター
極超音速飛翔体のエンジンが始動できる超音速まで加速するためのブースター。島嶼防衛用高速滑空弾(ブロック2A／2B)の第一段ブースターと共通にすることで、開発期間の短縮を図る予定。

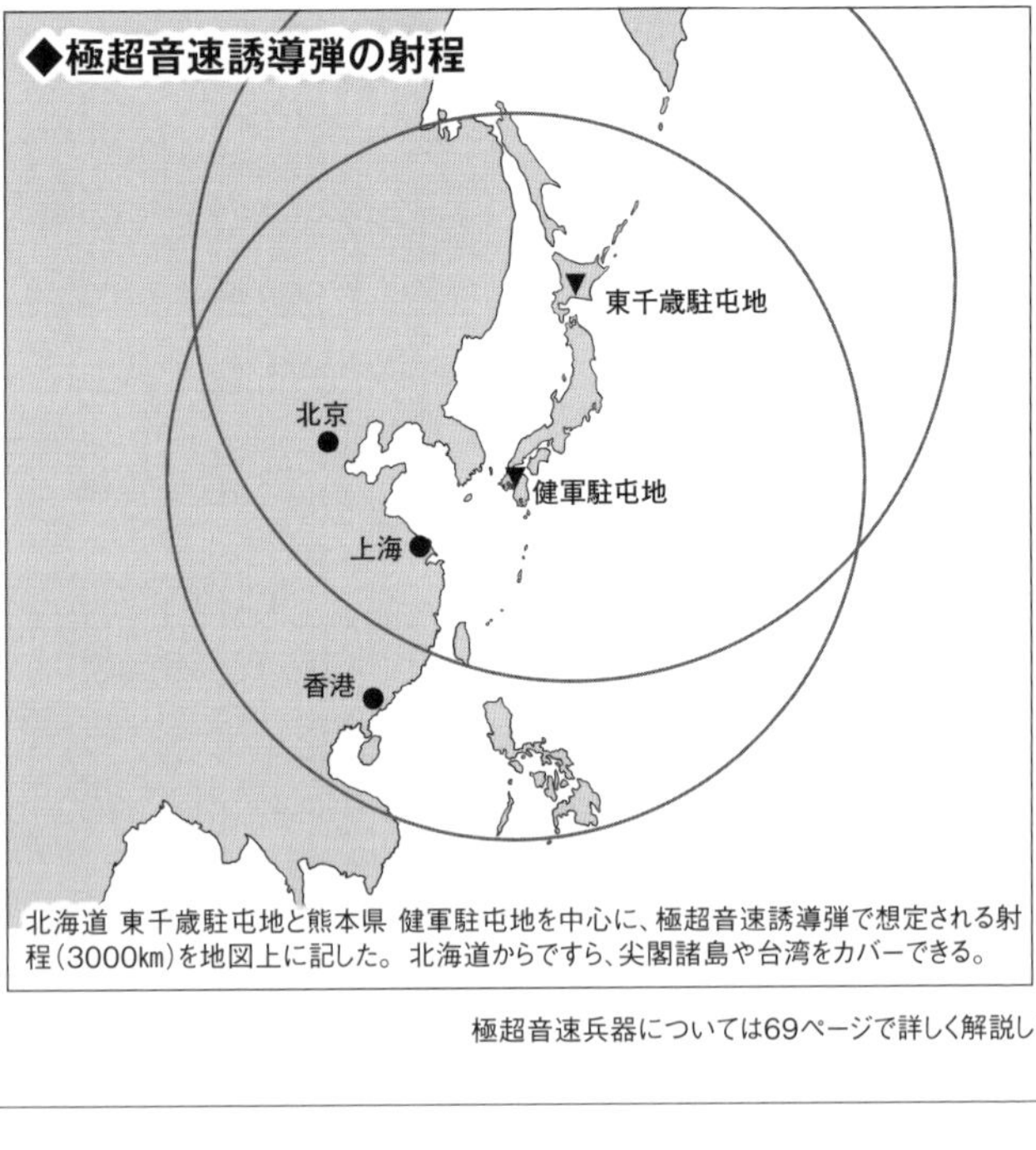
◆極超音速誘導弾の射程
東千歳駐屯地
北京
健軍駐屯地
上海
香港

北海道 東千歳駐屯地と熊本県 健軍駐屯地を中心に、極超音速誘導弾で想定される射程(3000km)を地図上に記した。北海道からですら、尖閣諸島や台湾をカバーできる。

極超音速兵器については69ページで詳しく解説している。

島嶼防衛用高速滑空弾ブロック2A／2Bと同様に極超音速兵器であり、きわめて短時間で目標に到達するため、敵にとっては迎撃が著しく困難な代物である。極超音速誘導弾の開発は二〇三〇年代初めに完了するとされているが、防衛装備庁の研究開発ビジョンによると、そこからさらに二〇三〇年代後半に性能向上型が予定されており、ステルス設計の艦艇に対しても高い誘導性能が期待できる電波画像誘導技術の開発が進んでいる。

④12式地対艦誘導弾 能力向上型

[陸／海／空]

現在、陸上自衛隊において運用されている「12式地対艦誘導弾（SSM）」の射程を延長するなど、その性能を大幅に向上させた対艦ミサイル。

現在の12式SSMの射程はおよそ二〇〇キロメートルとされているが、能力向上型では「弾体の大型化による燃料搭載量増加」、「大

2012年度より調達が開始された12式地対艦誘導弾。現時点で陸上自衛隊で最新の地対艦誘導ミサイルとして、九州～南西諸島方面に配備されている。射程は200kmとされる。名前は同じだが射程が大幅に延長される「能力向上型」は、まったく別物となるだろう（写真:アメリカ陸軍）

12式地対艦誘導弾 能力向上型

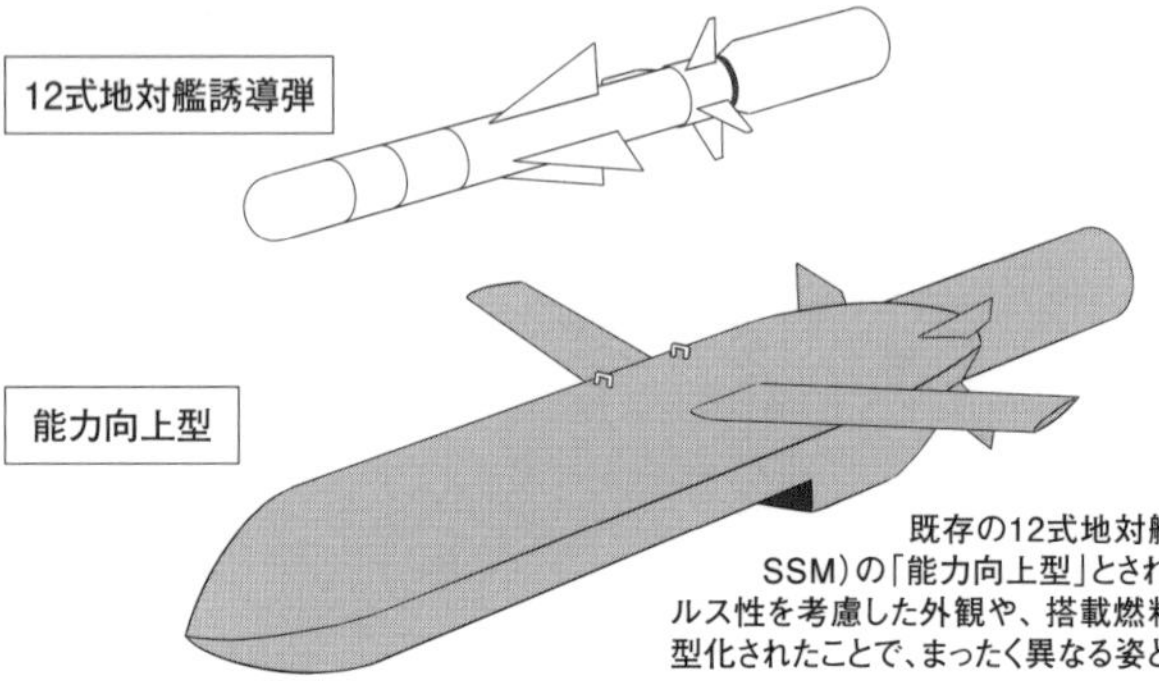
12式地対艦誘導弾
能力向上型

既存の12式地対艦誘導弾（12式SSM）の「能力向上型」とされているが、ステルス性を考慮した外観や、搭載燃料増大のため大型化されたことで、まったく異なる姿となっている。

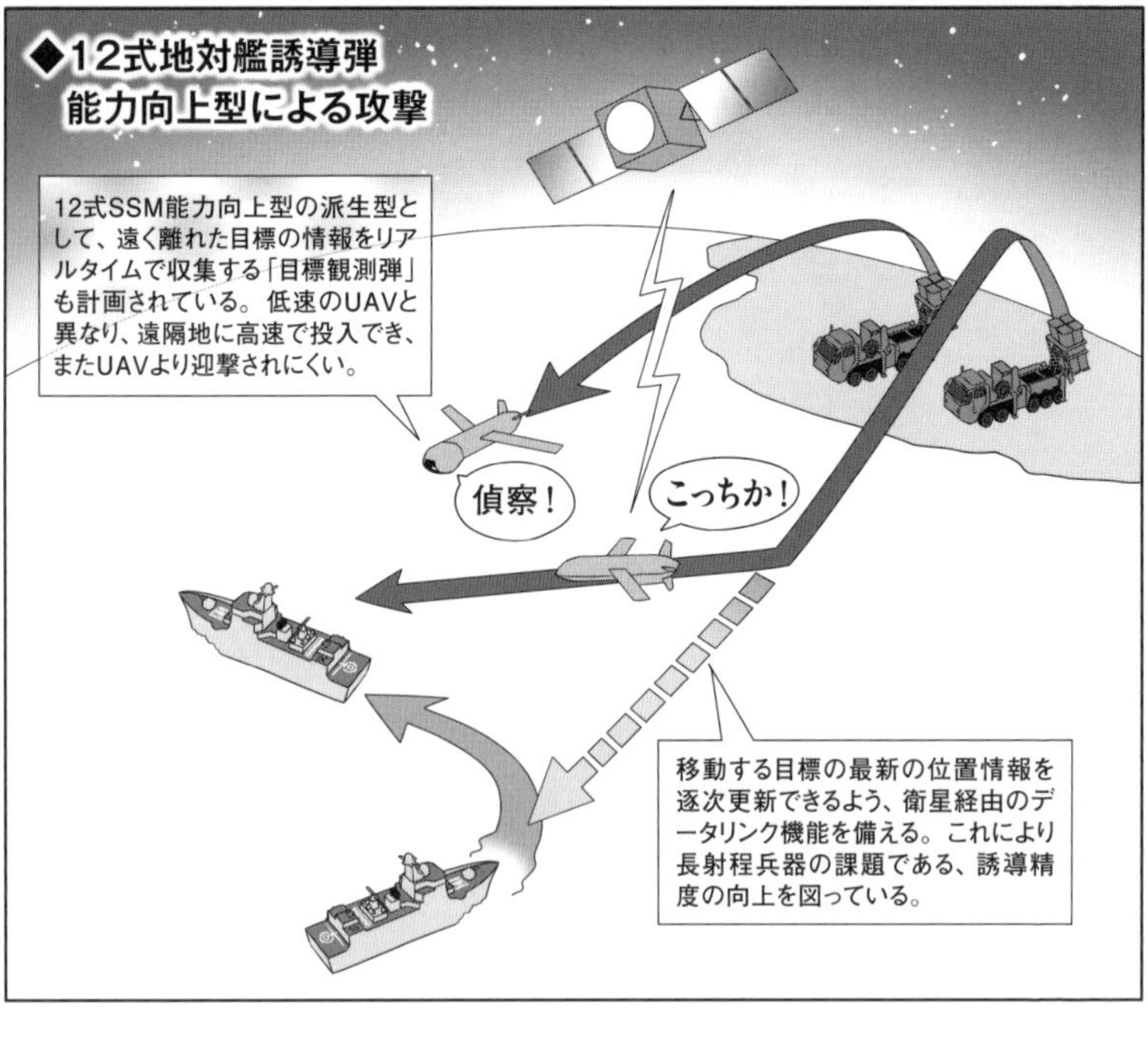
◆12式地対艦誘導弾 能力向上型による攻撃
12式SSM能力向上型の派生型として、遠く離れた目標の情報をリアルタイムで収集する「目標観測弾」も計画されている。低速のUAVと異なり、遠隔地に高速で投入でき、またUAVより迎撃されにくい。
偵察！
こっちか！
移動する目標の最新の位置情報を逐次更新できるよう、衛星経由のデータリンク機能を備える。これにより長射程兵器の課題である、誘導精度の向上を図っている。

型の展開主翼の付加」、「ジェットエンジンの作動領域拡大」などを行い、最終的に約一五〇〇キロメートルまで延伸することを目標としているという（取り急ぎの目標は九〇〇キロメートル）。

射程延長のみならず、敵のレーダーに捕捉されにくい形状を目指した低ＲＣＳ（レーダー反射断面積）のための工夫がなされており、その見た目はオリジナルの12式ＳＳＭとはまったく異なっている。また、移動する敵艦船の位置情報などを逐次更新できるよう、衛星経由でのデータリンク機能を搭載するなど、長射程兵器の課題の一つである誘導精度の向上も図られている。

12式ＳＳＭは、車両搭載型の発射装置からのみ運用されているが、能力向上型では地上車両（地発型）、水上艦艇（艦発型）、戦闘機（空発型）という三つのプラットフォームから運用される。地発型は二〇二六年度、艦発型は二〇二七年度、そして空発型は二〇三〇年度にそれぞれ配備される見通しだ。また、海上自衛隊の潜水艦に垂直発射装置（ＶＬＳ）を搭載し、そこから発射可能なバージョンの開発も報じられている。ちなみに、空発型に関してはＦ－２戦闘機で運用することとされている。

また、各種スタンド・オフ・ミサイルの運用に際して、敵の艦艇や車両等の位置情報をリアルタイムで収集し、目標情報を知らせる「目標観測弾」の開発が進められる予定だが、こちらは12式ＳＳＭ能力向上型をベースに開発されるものと考えられている。

目標観測弾は、弾頭などを撤去してカメラやセンサー類を搭載、また搭載燃料の増加や主翼の大型化で飛行時間を延長するものと思われる。また、使い捨てとなる見込みだ。

⑤ＪＡＳＳＭ－ＥＲ［空］

「ＪＡＳＳＭ－ＥＲ（統合型空対地スタンド・オフ・ミサイル－射程延長型）」は、アメリカで開

現在、アメリカ空軍で運用されているJASSM（写真は模型）。ステルス性が考慮された巡航ミサイル。日本が導入を予定するJASSM-ERは、こちらの射程延長型となる（写真:アメリカ空軍）

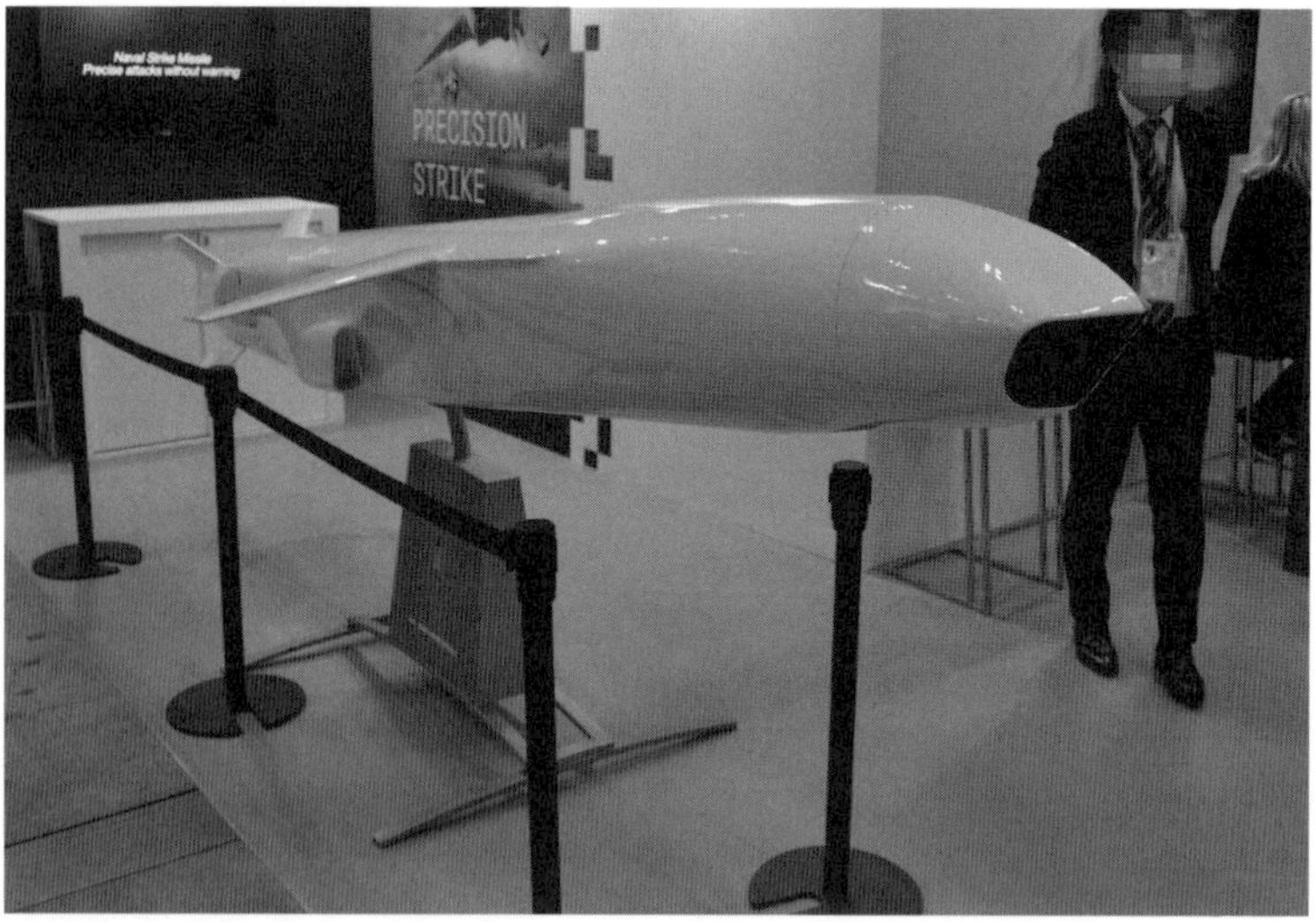

ノルウェーのコングスベルグ社が開発したJSMは、ステルス形状と低高度飛行による高い隠密性を誇る。写真は日本国内で開催された防衛装備見本市に出展された模型である（写真:綾部剛之）

発された長射程空対地巡航ミサイルで、敵の防空システムを回避するため弾体形状がステルス性を意識したものとなっているのが特徴だ。原型であるＪＡＳＳＭは二〇〇九年よりアメリカ空軍で運用が開始されており、二〇一〇年代半ばよりＪＡＳＳＭ－ＥＲへと置き換えが進んでいる。

射程は、ベースのＪＡＳＳＭが約四〇〇キロメートルであったのに対して、ＪＡＳＳＭ－ＥＲでは約一〇〇〇キロメートルと大幅に向上している。これは内部の燃料スペースを拡大し、さらに搭載するエンジンを高効率のターボファン・エンジンに換装したことによるものとされている。

ＪＡＳＳＭ－ＥＲは、目標への誘導に関して、慣性航法およびＧＰＳ誘導に加えてデータリンク機能を搭載しており、発射後に目標が移動した場合でも、新たな目標情報を受け取り、飛翔方向を修正することができる。これにより一〇〇〇キロメートルという長大な射程を最大限に活用することができるわけだ。

さらにＪＡＳＳＭの終末誘導には、相手の形状を見て目標を判断する赤外線画像誘導方式［※6］が用いられているが、ＪＡＳＳＭ－ＥＲでは目標に関する3Ｄモデルデータをインプットすることが可能で、より正確に目標を捕捉・攻撃することが可能となっている。

自衛隊では、近代化改修を受けた航空自衛隊のＦ－15Ｊ戦闘機に搭載されることになっている。これまでＦ－15Ｊは、敵の戦闘機などに対処する制空戦闘機として運用されてきたが、今後は地上や海上の目標を攻撃する能力が新たに加わることになる。

⑥ＪＳＭ【海／空】

ノルウェーのコングスベルグ社が開発した「ＪＳＭ（統合打撃ミサイル）」は、同社の地対艦／艦

※6:エンジン排気などの熱源だけを追う「赤外線誘導」に対して、赤外線画像誘導は赤外線画像から相手のシルエットを読み取り、目標を認識する。そのため囮の熱源に騙されない。

◆長射程ミサイルの誘導

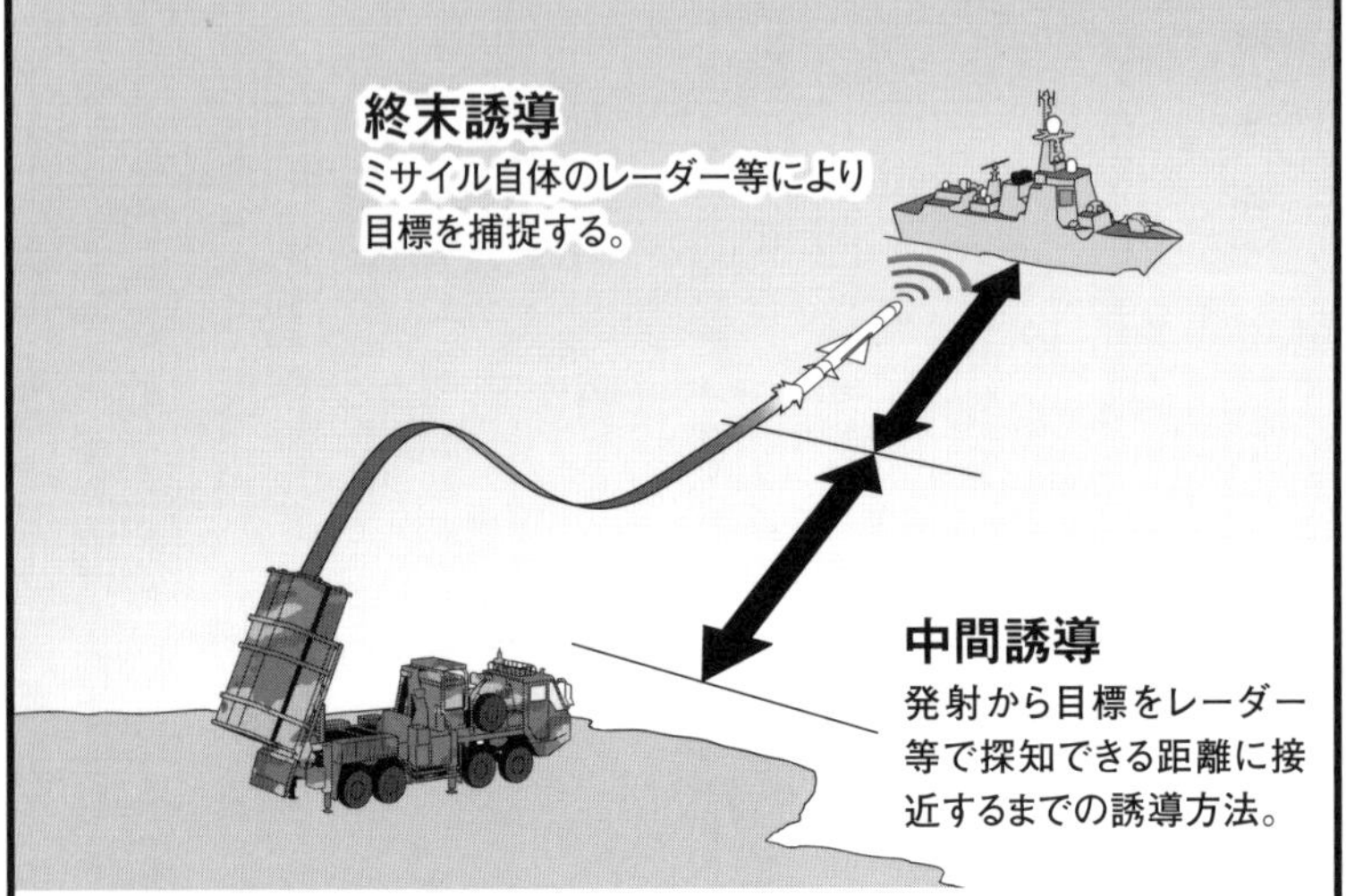
終末誘導
ミサイル自体のレーダー等により
目標を捕捉する。
中間誘導
発射から目標をレーダー
等で探知できる距離に接
近するまでの誘導方法。

■発射時点では目標は、はるか先

長射程のミサイルは、はるか遠くの目標に飛んでいくため、何らかの方法で「自分の位置、または目標へのルート」を確認しながら飛行する。現代で代表的な方法が、GPS誘導（衛星測位システムで自分の位置を確認する）であり、そのほか慣性誘導（搭載した機械で自分の速度と距離、方向を計測して目標に向かう）、TERCOM（地形等高線照合。事前に記憶した地形に沿って飛ぶ）などがある。

■目標をミサイル自ら捜索・捕捉

飛行場や建物など固定の目標を狙うなら、これだけで飛んでいけるが、艦艇のように小型で動く目標を狙うなら不充分だ。そこで、ミサイルの先端に目標捜索装置（シーカー）を取り付けて、目標に接近した段階で正確な目標の位置を把握して、命中させる。これには、レーダーや赤外線が用いられる。

この場合、目標近くまでの飛行に用いた誘導方式を「中間誘導」。目標近くでミサイル自らが捜索・捕捉に用いた誘導方式を「終末誘導」と呼ぶ。

トマホークを例にすると、以前は地上攻撃専用であり、TERCOMや慣性誘導を用いていた。最新のブロックV（対艦型Va）ではシーカーが追加され、自ら目標を捜索する機能を持った。

対艦巡航ミサイル「NSM（海上打撃ミサイル）」の空中発射バージョン（空対地／空対艦）であり、アメリカ軍でも二〇二〇年代半ばの運用開始が見込まれている。射程は約五〇〇キロメートルと言われる。

JSMはステルス形状を有し、また超低高度を飛翔可能なことから、レーダーでの探知がきわめて難しく、さらに終末段階の誘導に赤外線画像誘導を用いるため（赤外線画像誘導は、目標が発する赤外線を感知するものであるため、ミサイルから電波等を発信する必要が無い。そのため相手に気付かれない）、世界でも有数の隠密性を誇るミサイルとされている。

JSMは、F－35A／Cの機内兵器倉（ウェポンベイ）に搭載可能な唯一の長射程巡航ミサイルとなっており、F－35のステルス性を犠牲にすることなく搭載することができる。

また、敵の迎撃を回避するため高機動での飛行を行うことが可能だが、そのあいだも目標を見失わないように、先端のシーカー（目標捜索装置）が回転してつねに目標に正対する仕組みとなっている。さらに、シーカーが捉えた目標情報を自ら精査し、搭載したデータベースと照合することで、囮などに騙されず攻撃の精度を高めている。あわせて、データリンク機能により目標情報の更新や攻撃中止の命令を受けることができるようになっている。

自衛隊では、航空自衛隊のF－35A戦闘機への搭載を予定しているほか、現在、海上自衛隊に配備されている空対艦ミサイル「マーベリック」の後継として、P－1哨戒機への搭載が検討されている。

JSMは海上の艦艇だけでなく、地上目標も攻撃することが可能であり、幅広い任務に対応することが可能となるだろう。

⑦ASM-3［空］

「ASM-3」は、二〇一〇年度から日本が「新空対艦誘導弾（XASM-3）」の名称で開発をスタートさせた空対艦ミサイルで、その最大の特徴は、ラムジェット・エンジンの後部に固体ロケットブースターを組み合わせたインテグル・ロケット・ラムジェット・エンジン（IRR）により、超音速で飛翔することが可能な点にある。

中間誘導にはGPSを用い、終末誘導には自ら電波を発して敵を捜索するアクティブ電波誘導に加え、敵の艦艇のレーダーなどが発する電波を受信して目標を探知するパッシブ電波誘導を組み合わせた、複合シーカーを用いている。

ASM-3は、二〇一七年には標的艦に対する実射試験も完了したが装備化されることはなく、二〇二〇年にASM-3で得られた技術をベースとする射程延長型「ASM-3（改）」の開発が発表された。これはASM-3の射程が約二〇〇キロメートルであり、中国海軍艦艇の防空システムに対抗するためには射程が短すぎると判断されたためである。

ASM-3（改）では、ミサイルの材料や構造を変更、さらに3Dプリント技術を用いた一体成型などにより軽量化が図られ、また燃料搭載量の増加等で射程四〇〇キロメートル以上を実現することとされている。また、二〇二〇年にはASM-3（改）の開発と並行して、その成果の一部を活用した「ASM-3A」を先行して配備することが発表された。ASM-3Aの詳細は現在のところ不明だが、ASM-3よりも射程が延長していることは確かである。

⑧潜水艦発射型誘導弾［海］

現在、海上自衛隊の潜水艦が運用している「ハープーン」よりも長射程の対艦ミサイルとして計画されているのが「潜水艦発射型誘導弾」で、より安全な距離から敵艦艇を攻撃することを目指すとされている。

現状ではその詳細は不明ながら、開発契約が三菱重工業と結ばれたことを踏まえると、12式SSM能力向上型（④）と関連するものかもしれない。

⑨島嶼防衛用新対艦誘導弾［研究試作］

現在、川崎重工業が研究中の長射程の対艦ミサイルが「島嶼防衛用新対艦誘導弾」であり、その性能は12式SSM能力向上型（④）を上回るものを目指すとされている。ただし、この新対艦誘導弾は装備化を前提とした開発試作ではなく、それ以前の先進技術の獲得などを目指す研究試作の段階であり、これがそのまま装備化されるわけではない。

川崎重工業によると、このミサイルのポイントは「残存性・長射程・精密誘導」の三点だという。まず残存性だが、ステルス性を意識した形状になっていることに加え、敵の滞空ミサイルを回避するための高機動飛翔を可能とする。艦艇の近接防空火器システム（CIWS）を回避するために、バレルロール（螺旋を描く側転機動）まで行うことが想定されている。長射程については、川崎重工業製の高効率なターボファン・エンジンであるKJ－300を用いて、約二〇〇〇キロメートルの達成を目指している。最後に精密誘導性能は、電波誘導式と赤外線画像誘導式を併用する複合シーカーを採用することで、敵による妨害の影響を受けにくく正確に目標を捕捉できるものを目指している。

当面は地上発射型が想定されるが、艦艇や航空機など多様なプラットフォームからの発射にも対応できるようにする予定で、同じく川崎重工業が製造するＰ－１哨戒機への搭載も見込まれる。

また、任務に応じてシーカーや弾頭を変更できるモジュール構造の研究もおこなわれており、たとえば高性能爆薬を搭載した対艦／対地攻撃バージョンに加え、各種センサーを搭載して前述の目標観測弾のような役割を担うＩＳＲ（情報収集・偵察・監視）バージョン、さらにジャミング装置などを搭載した電子攻撃バージョンなどが想定されている

⑩新地対艦・地対地精密誘導弾

こちらは三文書ではなく、二〇二三年八月三一日に発表された防衛省の「令和６年度概算要求」において、突如盛り込まれた謎の新型巡航ミサイル。現在のところ、その詳細は不明だが、「令和５年度政策評価書」においては、二〇二

射程	自衛隊でのプラットフォーム	自衛隊の配備見込み（年度）	備考
1600km	イージス艦	2026〜27	
900km	車両	2026〜27	
2000〜3000km		2027〜30	
3000km程度?	車両	2030年度以降	
900〜1500km	車両／艦艇／航空機	2026〜30	偵察や情報収集を担う「目標観測弾」が、12式地対艦誘導弾 能力向上型をベースに開発される。
1000km	F-15J	不明	
500km	F-35、P-1	不明	
400km以上	F-2	2025年度以降	
200〜500km以上	潜水艦	2028年度以降	
2000km	車両／艦艇／航空機	研究試作	
1000〜2000km	車両	2030年度以降	

四年度から二〇二九年度にかけて試作を行うこととされており、導入は早くとも二〇三〇年代と見込まれる。開発にあたっては12式SSM能力向上型や島嶼防衛用新対艦誘導弾、目標観測弾といった各種装備の開発で得られた成果を活用するとされている。

前述した政策評価書に添付されている運用構想図には、このミサイルが目指す先進的な能力が示されている。まず対艦攻撃では、終末誘導で先端部の画像シーカーによる情報に基づき、ミサイル自身が艦艇の種類を識別・判定して敵艦隊内の特定の標的を攻撃するとある。これはアメリカ軍が運用している新型対艦ミサイル「LRASM」に実装される機能とほぼ同様だろう。

また、対地攻撃では、山の合間を縫うようにして低高度を飛翔し、特定の目標をピンポイントで攻撃する様子が描かれているのだが、興味深いのは例示されている標的が飛行場であり、ミサイル自体の「高精度誘導性能および貫徹能

◆導入を予定しているスタンド・オフ・ミサイル

		製造	用途
①	トマホーク ブロックV	レイセオン	対地／対艦
②	島嶼防衛用高速滑空弾 早期配備型 島嶼防衛用高速滑空弾 能力向上型	三菱重工業	対地
③	極超音速誘導弾	三菱重工業	対地／対艦
④	12式地対艦誘導弾　能力向上型	三菱重工業	対艦
⑤	JASSM-ER	ロッキード・マーチン	対地
⑥	JSM	コングスベルグ	対地／対艦
⑦	ASM-3(改)	三菱重工業	対艦
⑧	潜水艦発射型誘導弾	三菱重工業	対地／対艦
⑨	島嶼防衛用 新対艦誘導弾	川崎重工業	対艦
⑩	新地対地・地対艦 精密誘導弾	不明	対地／対艦

※グレーで示したものは、すでにアメリカ軍で運用されている、または運用間近のミサイル

力」が強調されている点だ。これは、滑走路に大きな損傷を与えたり、あるいは強化型バンカー（掩体壕）を貫通・破壊して、敵の航空戦力を地上で叩くことを目指しているものと思われる。この能力はトマホーク ブロックVの対地攻撃型（ブロックVb）に近い。

■輸送機をミサイル発射母機に

こうした新たなミサイルの開発や取得に加え、防衛力整備計画では発射システムについても、新たなものを開発することが明記されている。それが「輸送機搭載システム」である。

これは、その名の通り輸送機にミサイルを大量に搭載し、空中で発射するシステムのことで、これまで兵員や物資の空輸のみに用いられてきた輸送機を、「ミサイルの空中発射母機」としても活用してしまおうというものである。スタンド・オフ（遠く離れた位置）で運用できるミサイルだからこそ可能なシステムと言えるだろう。

具体的には未だ不明であるが、同様のコンセプトはアメリカ空軍においても進められており、おそらく自衛隊が目指すものも変わらないだろう。以下は、アメリカ軍のものをベースに話を進めようと思う。

アメリカ空軍で試験が進められているのは「ラピット・ドラゴン」と呼ばれるシステムだ。これはC－17やC－130といった各種輸送機の貨物スペースにパレット式のミサイル発射機を搭載して、大量のJASSM－ER空対地巡航ミサイルを一度に発射するというもの。パレットは、機体の大きさやペイロードにあわせてミサイル搭載数の異なるものが用意され、たとえばC－130輸送機であれば六発セット、C－17輸送機であれば九発セットのパレットを使用する。

ラピッド・ドラゴン

「ラピッド・ドラゴン」は、輸送機の貨物スペースにパレット式のミサイル発射機を搭載することで、簡易的な爆撃機として運用できるようにするシステム。

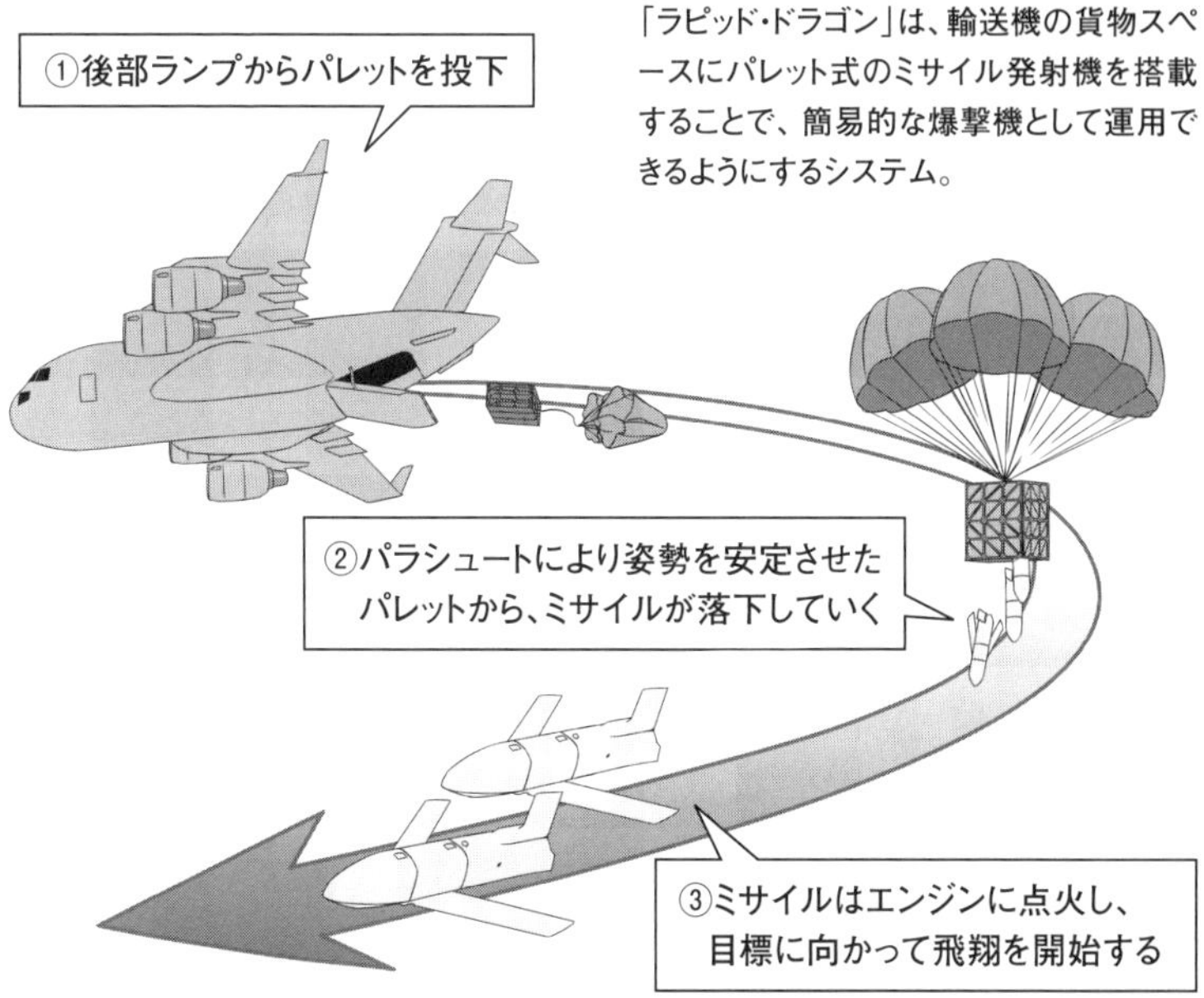
①後部ランプからパレットを投下
②パラシュートにより姿勢を安定させたパレットから、ミサイルが落下していく
③ミサイルはエンジンに点火し、目標に向かって飛翔を開始する

貨物スペースに、ラピッド・ドラゴンのパレットを積み込むアメリカ空軍のC-130（MC-130J）。機体自体に改修を加えずに搭載できる（写真：アメリカ空軍）

ミサイルの発射は、飛行中の輸送機の後部ランプからパレットを投下することで行う。パレットはパラシュートにより姿勢を安定させ、垂直方向（下向き）にミサイルを切り離す。その後、ミサイルはエンジンに点火、加速して目標に向かって飛翔する。

ラピッド・ドラゴンの特徴としては、ミサイル搭載量の多さが挙げられる。ロッキード・マーチンの説明によると、C－130は二パレット（合計一二発）、C－17は四パレット（合計三六発）ものJASSM－ERを搭載可能とされている。現在、アメリカ空軍が運用しているB－1B爆撃機が搭載可能なJASSM－ERの数は二四発なので、C－17であれば爆撃機をも上回ることになる。

また、ミサイルへの目標情報の入力は、パレットに搭載されている装置により行うため、輸送機側に大きな改修を加える必要がなく、パレット投下後は速やかに通常の輸送任務に戻ることができる。

敵の立場から考えてみれば、輸送機であっても攻撃の手段になり得るために、その動向にも警戒を払う必要が出てくる。たとえ通常の輸送任務のために飛行していたとしても、敵からは搭載しているのがミサイルなのか通常の物資なのか判断できないため、攻撃の可能性を考えなくてはならない。これにより、敵の戦力見積もりを複雑にし、さらにISR（情報収集・偵察・監視）機能に大きな負荷をかけることにつながる。

自衛隊の場合、国産のC－2輸送機へのミサイル搭載が検討されているが、肝心のC－2の機数が少ないことが課題として挙げられるだろう。しかし、前述の理由から、ミサイルを搭載していない場合であっても、敵にとってはC－2が厄介このうえない存在になるという意味で、こうしたシステムを開発する意義は大きいと言えるだろう。

（3）スタンド・オフ防衛能力の難しさ

■遠くの目標を攻撃するために必要とされるもの

ここまで、さまざまなスタンド・オフ・ミサイルについて見てきた。これらミサイルは、たしかにスタンド・オフ防衛能力の重要な要素ではあるが、しかし、これだけでは実効的な能力を持ったことにはならない。

まず、ミサイルを撃つには、敵がどこにいるのかを把握する必要がある。それも、既存のミサイルより射程の長いものを撃つわけだから、当然これまでよりも遠くで敵を探知できなければ意味がない。さらに、レーダーなどを使って「そこに何かがいる」という情報を得ることができたとしても、それが本当に敵の軍艦／軍事施設なのか、それとも民間のものなのかがハッキリしなければ、ミサイルを発射することはできない。つまり、探知したモノが何なのかを、ハッキリさせるための類別・識別能力が必要となる。

それを経て、敵であることが確実と判断された目標に対してミサイルを発射するわけだが、建物や陣地といった動かない固定目標ならいざ知らず、艦艇となると移動する可能性が出てくる。たとえば敵艦艇が時速二〇ノットで移動しているとすると一時間で約四〇キロメートル、時速三〇ノットともなれば約五五キロメートルも移動してしまうことになる。皇居を中心に考えた場合、四〇キロメートルというと神奈川県の大船あたり、五五キロメートルなら茅ケ崎海岸あたりまで離れてしまうことになる。そのため、つねに敵の位置を把握し、それをミサイルに伝えて軌道を修正する能力も必要となる。

「スタンド・オフ」の難しさ

◆撃てば当たる?

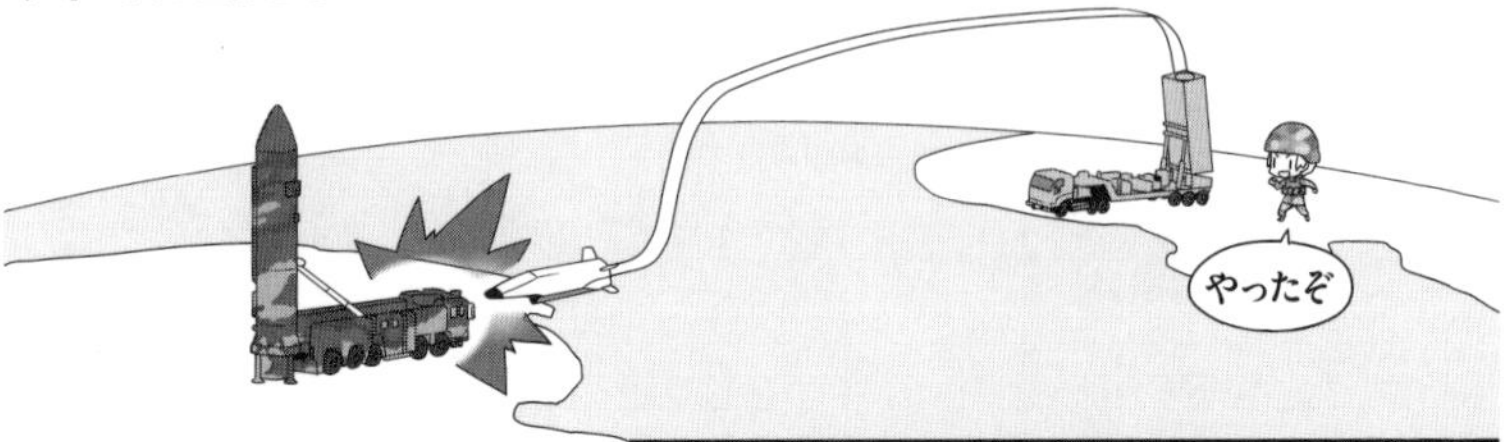

こんな簡単にはいかない!
スタンド・オフ防衛能力は「長射程のミサイルがあれば可能」という単純なものではない……

◆遠距離の目標を攻撃する困難さ

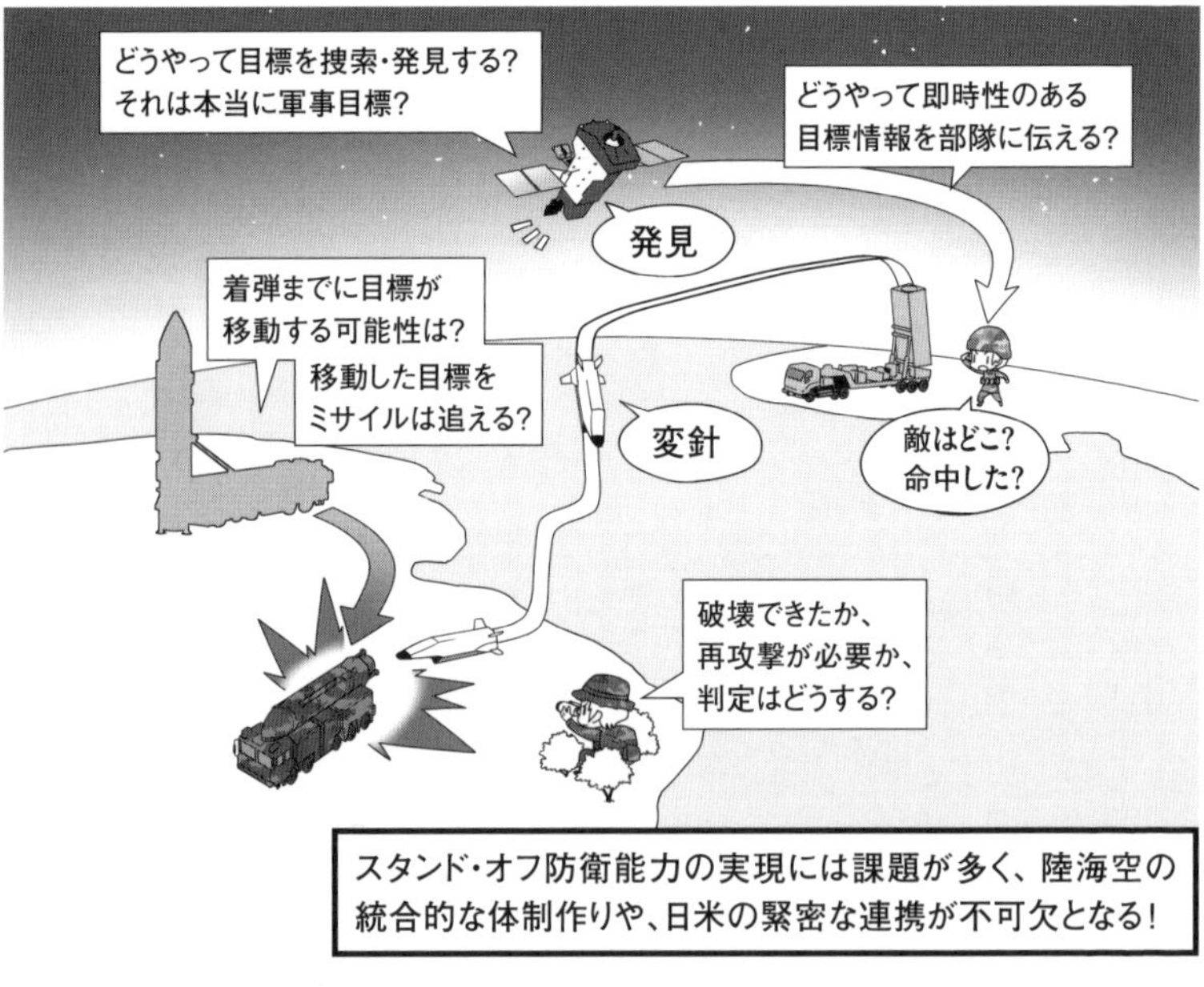

スタンド・オフ防衛能力の実現には課題が多く、陸海空の統合的な体制作りや、日米の緊密な連携が不可欠となる!

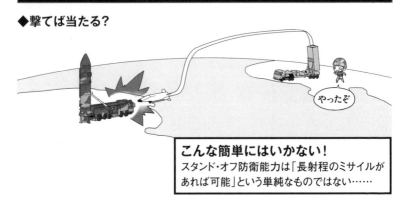

そして、ミサイルが敵のいる地点に到達したとしても、それが本当に命中したのか、また命中したとして敵艦艇のどこに命中して、どれだけのダメージを与えることができたのか、といった効果判定も必要になってくる。攻撃の目的を達成できたのか、再度の攻撃が必要なのか、判断できない攻撃には意味がないからだ。

■ミサイルだけでは攻撃できない

また、こうした「敵の発見と攻撃、そして追跡、効果判定」という一連の仕組みは、陸海空の自衛隊が別々に行うのではなく、統合的な体制が必要となるだろう。それによって、より広範囲な敵を効率的に探知でき、同じ目標に別々のミサイルが重複して飛んで行ってしまうという事態を避け、攻撃能力の適切な分担が可能となる。

つまり、スタンド・オフ防衛能力とは、単に長射程のミサイルを揃えるだけでなく、衛星や無人機を含む各種のＩＳＲ（情報収集・警戒・偵察）能力が必要となり、さらにそうした情報を集約して整理する情報処理能力と、攻撃を一体的に行うための指揮統制システムや統合運用体制のさらなる強化が必要となる。こうした要素の詳細は第五章の解説に譲るが、ここで指摘したいのは、「スタンド・オフ防衛能力とは、そう単純な話ではない」ということである。

2 反撃能力

(1)そもそも反撃能力とは何か？

ここからは、もう一つの主題である反撃能力について述べていきたい。そもそも「反撃能力」とは何だろうか？ 国家防衛戦略においては、次のように説明されている。

■反撃能力の定義

「反撃能力とは、我が国に対する武力攻撃が発生し、その手段として弾道ミサイル等による攻撃が行われた場合、武力の行使の三要件に基づき、そのような攻撃を防ぐのにやむを得ない必要最小限度の自衛の措置として、相手の領域において、我が国が有効な反撃を加えることを可能とする、スタンド・オフ防衛能力等を活用した自衛隊の能力をいう」

つまり、敵が日本に対して弾道ミサイルなどによる攻撃を実施してきた場合に、当然それを迎撃しつつ、それでもやむを得ない場合に「敵国の領域内」において自衛隊が反撃を加える能力ということになる（なお、文中の「武力の行使の三要件」については、後ほど解説する）。

それでは反撃能力について、いくつかのポイントに分けながら、もう少し詳しく解説していこう。

どういう状況なら「反撃」できる？

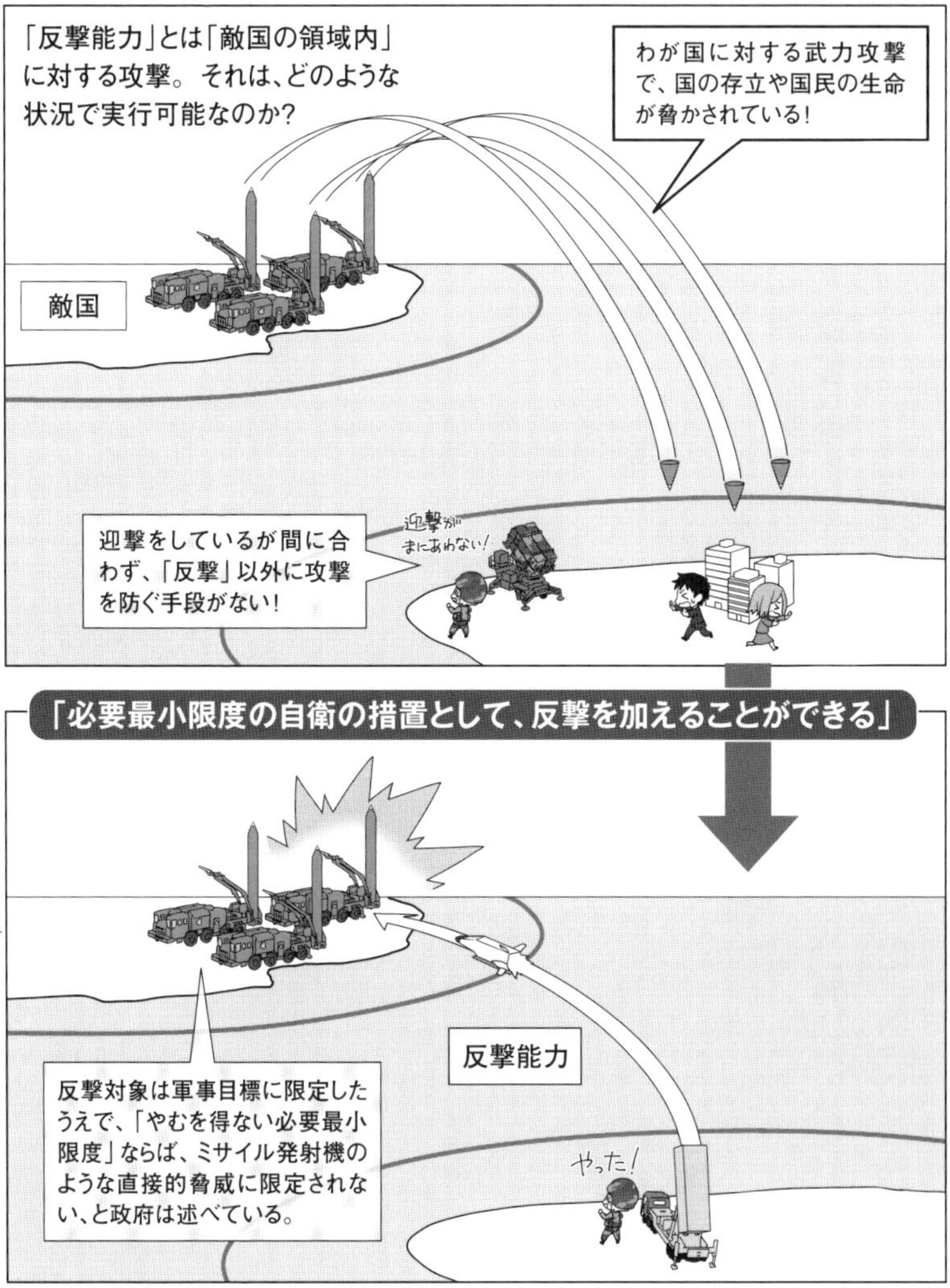
「反撃能力」とは「敵国の領域内」に対する攻撃。それは、どのような状況で実行可能なのか？

わが国に対する武力攻撃で、国の存立や国民の生命が脅かされている！

敵国
迎撃をしているが間に合わず、「反撃」以外に攻撃を防ぐ手段がない！

迎撃がまにあわない！

「必要最小限度の自衛の措置として、反撃を加えることができる」

反撃能力
やった！

反撃対象は軍事目標に限定したうえで、「やむを得ない必要最小限度」ならば、ミサイル発射機のような直接的脅威に限定されない、と政府は述べている。

■反撃能力と「統合防空ミサイル防衛」

まず、知っておかなくてはならないのは、反撃能力は七つの重視分野のうち「統合防空ミサイル防衛（ＩＡＭＤ）」の項目に組み込まれているという点である。つまり、弾道ミサイル攻撃などに対する防衛策の一つとして、反撃能力は位置づけられているということだ。

ＩＡＭＤは、もともとアメリカにおいて生み出され、発展してきた概念で、敵の弾道ミサイルや巡航ミサイル、航空機、砲弾などあらゆる空からの脅威に対して、①敵の策源地［※7］に対する攻撃作戦、②敵のミサイル等を迎撃する積極防衛、③擬装や基地の抗堪化（防御能力や生残性の強化）による消極防御、④これらを効率的に実施するための高度なネットワークによる一元的な指揮・統制システム――により対処するというもの［※8］。

反撃能力は、このなかの①に該当するもので、敵がミサイルなどを発射する前にそれを発射装置ごと地上で破壊しようというものだ（ＩＡＭＤについては、第二章で詳しく解説）。

敵のミサイル発射装置を破壊できれば、飛んでくるミサイルの数を減らすことができ、迎撃が容易になる。また発射装置が減ることで、敵のミサイル攻撃能力そのものが相対的に低下し、攻撃の脅威に晒されることで、敵の活動を低下させることも期待できる。さらに長期的には、こちらの反撃能力への対応として敵が防空システムなど防御用機材に予算やリソースを配分するようになれば、敵の攻撃能力増強を停滞させることも期待できる。

総じて、反撃能力は敵による攻撃の効果を低減させることにつながるため、敵に攻撃を躊躇《ためら》わせる抑止効果が期待できるというわけだ。

※7：策源地とは、敵が攻撃を実行するための起点となる場所、または攻撃のための兵站・補給の拠点のこと。長距離ミサイル攻撃の場合、ミサイルの発射地点や、ミサイル部隊の基地、弾薬集積地などが考えられる。

■反撃能力と「スタンド・オフ防衛能力」

日本の場合、反撃能力そのためだけに何らかの装備を導入するということは予定されていない。冒頭で紹介した国家防衛戦略においても「スタンド・オフ防衛能力等を活用した自衛隊の能力」と明記されているし、国会における答弁でも政府は次のように述べている。

「反撃能力はあくまでもスタンド・オフ防衛能力等の自衛隊の能力を活用するものであり、反撃能力のための独自の整備方針があるわけではございません」（第二一一回国会　参議院　財政金融委員会会議録　第一六号　令和五年六月一五日　井野俊郎防衛副大臣答弁）

たしかに、スタンド・オフ防衛能力に関しては、長射程ミサイルの整備に加えて、敵の位置情報を把握するためのＩＳＲ能力や、一元的な指揮統制システムなどを導入するとされており、これを活用することで反撃能力に基づく作戦を実施できるようになるだろう。ようするに、反撃能力に用いられる装備は、基本的にスタンド・オフ防衛能力で整備されるものと同じということになる。もちろん、きわめて長射程であり、かつ短時間で敵を攻撃できる島嶼防衛用高速滑空弾や極超音速誘導弾はもちろん、ＪＳＭやＪＡＳＳＭ－ＥＲ、トマホークや12式地対艦誘導弾　能力向上型など、直面する事態や目標に応じた多様な手段による攻撃が予想される。

だが、反撃能力はスタンド・オフ防衛能力の機能を活用した役割の一つではあるが、「スタンド・オフ防衛能力＝反撃能力」ではない。

また、この反撃能力の行使は日本のみならずアメリカとの密接な協力のもとで実施される。日本単

※8：詳しくは、有江浩一、山口尚彦「米国におけるIAMD（統合防空ミサイル防衛）に関する取組み」『防衛研究所紀要』第20巻第1号（2017年12月）を参照。

独では多数かつ多様な目標のすべてを攻撃することなど不可能だし、目標捕捉を含めたＩＳＲ能力の面でアメリカの協力は不可欠だろう。また、日米間で攻撃の重複を避けるなど、効率的な攻撃を実行するため、目標の割り振りなども調整されることになる。これについて、政府の見解は次の通りだ。

「スタンド・オフ防衛能力等を活用した反撃能力につきましては、弾道ミサイル等の対処と同様、日米の協力により対処することとしており、情報収集、分析についても日米で協力することとなりますが、米国の情報だけでなく、我が国自身で収集した情報を始め、全ての情報を総合して運用していくものでございます」（第二一一回国会　参議院　財政金融委員会、外交防衛委員会連合審査会会議録　第一号　令和五年五月三〇日　安藤敦史防衛省政策局次長答弁）

■反撃能力で「何を攻撃」するのか？

国家防衛戦略では、反撃能力について「弾道ミサイル等による攻撃」が発生した場合に行使されるものとしているが、ここに二つの疑問が生じる。一つは、弾道ミサイル以外の手段で攻撃された際には反撃能力を行使できないのか？　もう一つは、反撃能力で攻撃できるのは弾道ミサイルなど「相手の兵器」に限定されるのか？

最初の疑問について、政府は反撃能力が行使される場合を、必ずしも弾道ミサイルによる攻撃に限定しているわけではない。

「将来の技術革新の可能性などによりましては、攻撃を防ぐためにやむを得ない必要最小限度の自衛の措置として反撃能力を行使しなければならない状況が弾道ミサイルによる攻撃以外にもあり得ることは否定できません。したがって、国家安保戦略等において弾道ミサイル等と記載しているところでございますが、その対象を網羅的にお示しすることは困難でございます。その上で申し上げますと、例えば弾道ミサイル以外には、極超音速兵器や変則的な軌道で飛翔するミサイル、巡航ミサイルといったものが想定されます。こうした趣旨で弾道ミサイル等と記載しているところでございます」（第二一一回国会　参議院　外交防衛委員会　第一九号　令和五年六月六日　増田和夫防衛省防衛政策局長答弁）

極超音速兵器などを例に挙げ、将来的な新たな脅威（新型兵器）の出現の可能性を考慮して「攻撃を防ぐためにやむを得ない必要最小限度の自衛の措置」として行使する、と幅を持たせている。また、こうした各種のミサイル以外、たとえば戦闘機や爆撃機による攻撃についても政府は見解を示している。

「ミサイル攻撃以外のケース、爆撃機等のケースについても、武力行使の三原則、この三原則に本当に合致するかどうか、これをしっかり確認をする、必要最低限のみならず、他に手段がない、こうした点も考えた上で使用する手段を考えていくということであります。反撃能力についても、理屈上、その原則に基づいて、その範囲内で対応を考えていくということであります」「戦闘機の飛来に対して、本当に反撃能力、これしか手段がないのかどうか、これを厳密に考えた上で現実に対応しなければならない、このように申し上げています」（第二一一回国会　衆議院　予算委員会議録　第三号　令和五年一月三一日　岸田文雄内閣総理大臣答弁）

こちらも「武力行使の三原則」に合致することや「他に手段がない」ような状況であれば、反撃能力の行使は否定されないという考えのようだ。

それでは、もう一つの攻撃対象が「相手の兵器」に限定されるのか、という問題だが、まず反撃能力に基づく攻撃を成功させるためには、単に日本を攻撃してくる兵器〝だけ〟を標的にすれば良いというわけではない。

たとえば、敵はこちらの反撃を防ぐためにレーダーや対空ミサイルといった防空システムを配備していることが予想される。とすると、こうしたシステムを無力化しておかないと、こちらのミサイルが迎撃されてしまう可能性が高い。さらに、敵の攻撃能力を削ぐためには、敵の指揮統制システムや通信システムなどにも攻撃を加えたほうが効果的だ。

では、日本は「直接日本を攻撃してくる兵器以外」を標的にできるのだろうか？　政府の見解は以下の通りだ。

「政府は従来から、何が対象となるか、なり得るかについては、一九五六年の政府見解以降、対象の例示として誘導弾等の基地等を挙げてきたところでございます。これ以外に何が対象となり得るかについては、攻撃を厳格に軍事目標に対するものに限定するといった国際法の遵守を当然の前提とした上で、弾道ミサイル等による攻撃を防ぐためにやむを得ない必要最小限度の措置か否かという観点から個別具体的に判断されるべきものと政府としては考えております」（第二一一回国会　参議院　外交防衛委員会会議録　第一九号　令和五年六月六日　増田和夫防衛省防衛政策局長答弁）

つまり、対象を「軍事目標に限定」したうえで、「攻撃を防ぐためにやむを得ない必要最小限度」のうちに入るならば、攻撃対象はミサイルなど直接的脅威に限定されないとしている。

この答弁を踏まえると、攻撃対象となるのは「それを無力化しなければ敵の攻撃を防げない」性質のものということになる。そうなると、おそらく敵の防空システムに対する攻撃は問題にならないように思われる。他方で、指揮統制システムや通信システムなどは、攻撃の効果を高めるものではあるが、それを無力化することが攻撃成功の絶対条件となるのかという点が議論になるかもしれない。

(2)「反撃能力」保有——政策決定にいたる流れ

■迎撃から反撃へ——軍事的脅威の増大が促した判断

これまで、日本は敵による弾道ミサイルや巡航ミサイル攻撃に対して、イージス艦やパトリオットPAC-3防空システムなどを用いたミサイル防衛システムによる迎撃一辺倒の対応をとってきた。一方で、こうしたミサイル攻撃の「もと」を断つ打撃力は、アメリカ軍に依存してきた。俗に「盾と矛」とも言われる日米の役割分担だが、反撃能力が導入されたとしても、この関係性は変わらないというのが日本政府の立場だ。

「要は、この反撃能力、これはミサイル攻撃から国民を守る盾のための能力であるからして、この盾の能力を拡充していくことが求められている、これが反撃能力であるという説明をさせていただいた次第であります。基本的に、この日米の基本的な役割分担、盾と矛の関係については、政府として定義があるわけではありませんが、従来のこの考え方、これは変わらないと認識をしております。」（第二一一回国会　参議院　予算委員会会議録　第五号　令和五年三月六日　岸田文雄内閣総理大臣答弁）

とはいえ、（後でも触れるが）反撃能力はこれまでの日本政府の考えとしては、政策的に保有しないとしてきたものである。それでは、今回なぜこの考えが変更されるに至ったのだろうか？

前述した通り、日本はこれまで飛んできた弾道ミサイルを迎撃する「弾道ミサイル防衛（ＢＭＤ）」に力を入れ続けてきた。ＢＭＤは、もともと一九九五年に日米での共同研究が開始され、その後一九九八年に北朝鮮が「テポドン1号」を発射し、これが日本列島を越えて太平洋に落下したことを受けて、より具体的な検討が加速された。そして、二〇〇三年に「弾道ミサイル防衛システムの整備等について」という文書が安全保障会議および閣議で決定されたことを受けて、自衛隊における整備が開始されたのである。

以来、自衛隊ではＢＭＤ能力を質・量ともに強化してきたのであるが、昨今ではその状況が変化してきた。

たとえば、北朝鮮だけを見ても弾道ミサイルの性能を飛躍的に高め、さらに一度に複数のミサイルを同時発射する能力まで訓練するようになった。また、既存のＢＭＤでは対応が難しいとされる極超音速兵器の開発に着手するなど、脅威が多様化・複雑化してきたのである。あわせて、軍事力を強化し続けている中国への対応も考えたとき、これまでの延長線上では対処できないと判断されたわけだ。

このように、現実の脅威に対応するための手段として反撃能力の整備が決定されたのである。

■反撃能力導入の政策的側面

反撃能力が国家の政策として採用されるにいたった経緯を、振り返っていきたい。

かつて、「敵基地攻撃能力」と呼ばれていた反撃能力だが、その議論自体は一九五〇年代から国会においてたびたび行われてきた。とくに一九九〇年代以降は、北朝鮮の弾道ミサイルへの対応策として議論が再燃した。ただし、こうした議論はあくまでそうした能力の保有が法的に許されるかどうかという点に終始していて、実際に国家の政策として反撃能力を保有するという選択はとらないというのが従来の日本政府の見解だった。

「いわゆる敵基地攻撃については、日米の役割分担の中で米国の打撃力に依存しており、今後とも、我が国の政策判断として、こうした日米間の基本的な役割分担を変更することは考えていません。」（第一九八回国会　衆議院　本会議議録　第二四号　令和元年五月一六日　安倍晋三内閣総理大臣答弁）

その後、北朝鮮や中国の軍事力強化を念頭に、二〇一八年に策定された30大綱（防衛大綱）では、「日米間の基本的な役割分担を踏まえ、日米同盟全体の抑止力の強化のため、ミサイル発射手段等に対する我が国の対応能力の在り方についても引き続き検討の上、必要な措置を講ずる」との文言が明記された。

さらに二〇二〇年、地上配備型ミサイル迎撃システム「イージス・アショア」の配備中止に際して、同年六月に安倍晋三首相（当時）が記者会見に臨み、敵基地攻撃能力の保有を求める自民党内の意見に関する意見を求められ、次のように答えている。

「当然この議論をしてまいりますが、現行憲法の範囲内で、そして、専守防衛という考え方のもと、議論を行っていくわけでありますが、例えば相手の能力がどんどん上がっていくなかにおいて、今までの議論のなかに閉じ籠もっていていいのかという考え方のもとに、自民党の国防部会等から提案が出されています。我々も、そういうものも受け止めていかなければいけないと考えているのです。先ほど申し上げました、抑止力とは何かということを、私たちは、しっかりと突き詰めて、時間はありませんが、考えていかなければいけないと思っています。そういう意味において、政府においても新たな議論をしていきたいと思っています」

さらに、同年九月の内閣総辞職を前に発表した首相談話においても、安倍総理は敵基地攻撃能力に関して次のように述べた。

「迎撃能力を向上させるだけで本当に国民の命と平和な暮らしを守り抜くことが出来るのか。そういった問題意識のもと、抑止力を強化するため、ミサイル阻止に関する安全保障政策の新たな方針を検討してまいりました。もとより、この検討は、憲法の範囲内において、国際法を遵守しつつ、行われているものであり、専守防衛の考え方については、いささかの変更もありません。また、日米の基本的な役割分担を変えることもありません。助け合うことのできる同盟はその絆を強くする。これによって、抑止力を高め、我が国への弾道ミサイル等による攻撃の可能性を一層低下させていくことが必要ではないでしょうか。これらについて、与党ともしっかり協議させていただきながら、今年末までに、あるべき方策を示し、我が国を取り巻く厳しい安全保障環境に対応していくこととといたします」

議論・協議を続けていくとしたこれら首相の発言は、つづく政権の方針を拘束するものではなかったが、しかしこれ以降、敵基地攻撃能力に関する議論は、自民党内を中心に各所で活発化していくこととなった。

二〇二二年四月には、自民党の安全保障調査会において、改定が予定されていた国家安全保障戦略などに関する政府への提言がまとめられ、そのなかで敵基地攻撃能力という名称を反撃能力に改め、これを保有することが盛り込まれた。一一月には、元外務事務次官である佐々江賢一郎氏を座長とする政府有識者会議（国力としての防衛力を総合的に考える有識者会議）の報告書が岸田文雄首相に手渡され、そのなかでも反撃能力の保有および強化が必要不可欠であるとの見解が示された。

こうして、同年一二月に決定された三文書において、反撃能力の保有が盛り込まれたのである。

(3) 反撃能力は憲法九条や専守防衛に背くのか？

■反撃能力は憲法違反か？

反撃能力について、おそらくメディアなどを通じてもっとも話題となったのは、憲法第九条の問題、そして「専守防衛」との整合性だろう。

まず、反撃能力が憲法に違反するのか、という問題について見ていこう。そもそも、日本は憲法第九条に基づき、防衛に関して厳しい制限が課されていることはよく知られているところだろう。まず、日本が武力を行使できるのは次の三つの要件が満たされた場合に限定されている。

①わが国に対する武力攻撃が発生したこと、またはわが国と密接な関係にある他国に対する武力攻撃が発生し、これによりわが国の存立が脅かされ、国民の生命、自由および幸福追求の権利が根底から覆される明白な危険があること

②これを排除し、わが国の存立を全うし、国民を守るために他に適当な手段がないこと

③必要最小限度の実力行使にとどまるべきこと

さらに、このうちの第③要件（必要最小限度の実力行使にとどまるべきこと＝日本を防衛するという目的を達成するために限定された実力行使が許される）から、いわゆる「海外派兵」が禁止されている。

海外派兵とは「武力行使の目的をもって武装した部隊を他国の領土、領海、領空に派遣すること」である。つまり、原則的に自衛隊は海外での武力行使が許されていないわけだ（ちなみに、国連平和維持活動や在外邦人等輸送などは武力行使を目的としていないため、海外派兵にはあたらない）。しかし、そうしたなかでも反撃能力は憲法上許容されるというのが歴代政権の憲法解釈である。その根拠となっているのが、一九五六年に示された次の政府統一見解だ。

「わが国に対して急迫不正の侵害が行われ、その侵害の手段としてわが国土に対し、誘導弾等による攻撃が行われた場合、座して自滅を待つべしというのが憲法の趣旨とするところだというふうには、どうしても考えられないと思うのです。そういう場合には、そのような攻撃を防ぐのに

万やむを得ない必要最小限度の措置をとること、たとえば誘導弾等による攻撃を防御するのに、他に手段がないと認められる限り、誘導弾等の基地をたたくことは、法理的には自衛の範囲に含まれ、可能であるというべきものと思います」（第二四回国会　衆議院　内閣委員会議録　第一五号　昭和三一年二月二九日　船田中防衛庁長官答弁）

この見解を歴代政権は継承し続けている。つまり反撃能力は、武力行使の三要件を満たす場合には、たとえ他国の領域内における武力行使であっても、例外的に許される——としているわけだ。

■反撃能力は専守防衛に反するか？

専守防衛とは、「相手から武力攻撃を受けたときにはじめて武力を行使し、その態様も自衛のための必要最小限にとどめ、また、保持する防衛力も自衛のための必要最小限のものに限るなど、憲法の精神に則った受動的な防衛戦略の姿勢」と定義されている。日本の防衛政策の、いわば基本ともいうべき原則である。

この専守防衛という考え方が出現したのは一九七〇年代のことだが、なぜ反撃能力が専守防衛との関係で問題視されているのかというと、それは一九七二年に行われた田中角栄首相（当時）の答弁に由来している。

「専守防衛ないし専守防御というのは、防衛上の必要からも相手の基地を攻撃することなく、もっぱらわが国土及びその周辺において防衛を行なうということでございまして、これはわが国防衛の基本的な方針であり、この考え方を変えるということは全くありません」（第七〇回国会　衆

議院　本会議議録　第四号　昭和四七年一〇月三一日　田中角榮内閣総理大臣答弁）

この「防衛上の必要からも相手の基地を攻撃することなく」という言葉から、一見すると反撃能力は専守防衛において禁止されているようにみえるというわけだ。しかし、これは田中総理の答弁の実際の趣旨とは異なっている。少し長いが、政府の見解は次の通りだ。

「田中総理の答弁は、我が国の防衛の基本的な方針としてこうした専守防衛の趣旨を説明するとともに、武力行使の目的を持って武装した部隊を他国の領土、領海、領空へ派遣するいわゆる海外派兵は一般に憲法上許されないことについて述べたものであります。政府は、一九五六年の政府見解以来、誘導弾等による攻撃が行われた場合、そのような攻撃を防ぐのに万やむを得ない必要最小限の措置をとることは、他に手段がないと認められる限り、法理的には自衛の範囲に含まれ、可能であると解してきており、田中総理は、専守防衛の考え方がいわゆる敵基地攻撃を否定するとの趣旨を述べたものではないと考えております」（第二一一回国会　参議院　外交防衛委員会会議録　第一二号　令和五年五月九日　浜田靖一防衛大臣答弁）

つまり、田中総理の答弁はあくまで自衛隊の海外派兵が専守防衛において禁じられているという趣旨のものであり、政府は反撃能力が専守防衛に反しないという見解を示している。

第2章

統合防空ミサイル防衛(IAMD)

弾道ミサイル、極超音速兵器、無人機……
空の脅威から日本を守る新たな防空態勢

解説：JSF

1 攻防一体の概念

■あらゆる空からの脅威に対処

「統合防空ミサイル防衛（ＩＡＭＤ：Integrated Air and Missile Defence）」とは、アメリカ軍が推進している構想である。以前よりあった「弾道ミサイル防衛（ＢＭＤ）」に加えて、新たな脅威である極超音速兵器や無人機に対する防衛、既存の脅威である巡航ミサイルや有人航空機に対する防衛、さらにはロケット弾や砲弾、迫撃砲弾への防衛まで、ありとあらゆる空からの脅威（航空機・ミサイル）に対抗するために、すべての情報を統合して対処しようというものだ。

しかも、対抗手段は迎撃だけではなく、さまざまな攻撃能力――航空機、ミサイル、砲兵、歩兵、特殊作戦、宇宙作戦、サイバー戦、電子戦など――を含んでいる（たとえば、長距離ミサイルが発射される前に発射機を撃破するなど）。「防衛」と銘打っているものの「攻防一体」化した概念だといえよう。

防空システムのセンサーや複数の偵察・情報収集手段で得た情報を、ネットワークを通じて分析・処理し、攻撃に活用する、つまり「防御と攻撃を一元的かつ最適に運用する体制」を目指している。

■日米協力により実現していく

日本も、二〇二二年に改訂された安全保障関連三文書の国家防衛戦略および防衛力整備計画でＩＡＭＤを進めていくことが明記されている。

統合防空ミサイル防衛（IAMD）

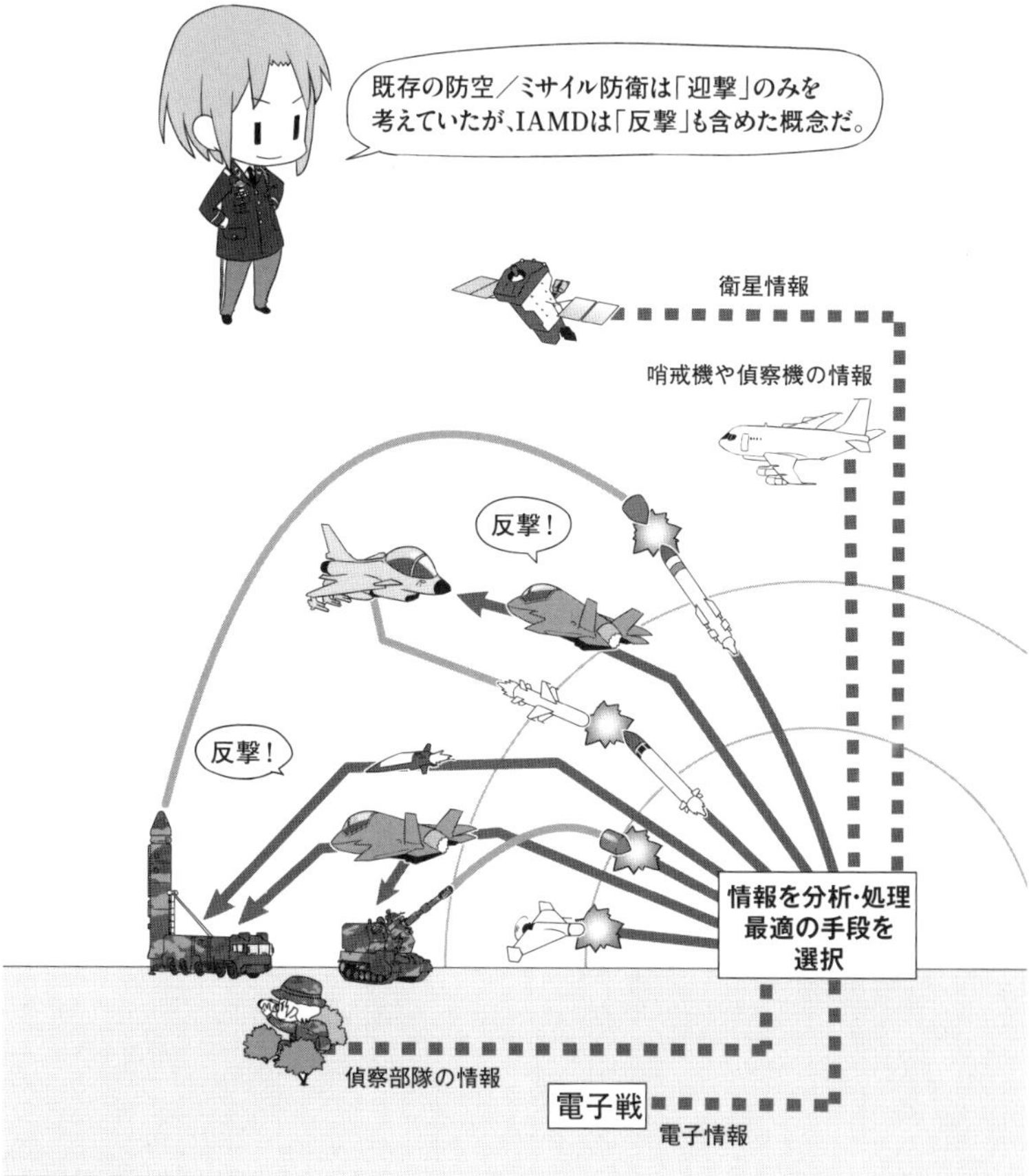
既存の防空／ミサイル防衛は「迎撃」のみを
考えていたが、IAMDは「反撃」も含めた概念だ。
衛星情報
哨戒機や偵察機の情報
反撃！
反撃！
情報を分析・処理
最適の手段を
選択
偵察部隊の情報
電子戦
電子情報

◆攻防一体の概念

統合防空ミサイル防衛（IAMD）とは、弾道ミサイルや極超音速兵器から、有人戦闘機や巡航ミサイル、無人機、火砲まで、あらゆる空からの脅威に対して、陸海空（および宇宙や電磁波領域）にまたがる味方の情報を統合して分析・処理し、最適の手段により迎撃、そして反撃を行おうというもの。情報収集・防御手段・攻撃手段を一元的かつ最適の手段で運用しようという概念。

◆弾道ミサイルの分類

本章で触れる弾道ミサイルについて、あらかじめ分類を解説しておきたい。弾道ミサイルは、おおよその射程によって分類されている。終末段階の速度はICBMでマッハ20程度、SRBMでもマッハ6程度と、かなりの高速となる。

大陸間弾道ミサイル（ICBM）		射程5,500km以上。文字通り、アメリカ大陸とユーラシア大陸を跨いで攻撃できる。
中距離弾道ミサイル（IRBM）		射程3,000～5,500km程度。冷戦期にソヴィエトは対西欧・中国・日本用に配備した。またアメリカも西欧にIRBMを置いて対抗した。近年は北朝鮮やイランなどが保有し、地域の不安定要素となっている。
戦域弾道ミサイル	準中距離弾道ミサイル（MRBM）	射程1,000～3,000km程度。冷戦期にヨーロッパ大陸内で使用する目的で配備された。現在は中国や北朝鮮のMRBMが日本の脅威となっている。
戦域弾道ミサイル	短距離弾道ミサイル（SRBM）	射程1,000km以下。主に作戦レベル・戦術レベルで用いられる。近年のウクライナ戦争で話題となっている「イスカンデル」（露）や「ATACMS」（米）などが、これに該当する。

前述の通りアメリカ軍の考えているＩＡＭＤは範囲がとても広い概念であり、アメリカはこれを自軍と同盟国軍との多国間による相互運用を含めた体制を構築する予定だ。アメリカのＩＡＭＤと日本のＩＡＭＤは、それぞれ別のものではあるが、お互いの情報を共有・統合して一体的に対処するものと考えたほうがよいだろう。

これまで、国防における日米の役割分担は「アメリカが攻撃担当、日本が防御担当」というものだったが、これからの日米の方針はＩＡＭＤという考え方を共有して、実質的には攻防を一体化させていくことになる。

ただし、日本が単独でＩＡＭＤのすべての役割を担える必要はない。アメリカが構想するＩＡＭＤは、日本だけではとても実行不可能な概念である。たとえば、敵の地上移動式ミサイルを発射前に撃破しようとしても、遠く日本から離れた移動目標を攻撃する手段は日本には無い。このような積極的な対航空・ミサイル作戦の主軸は、前線付近に展開するアメリカ軍が担当することになるだろう。仮に日本が参加するとしたら、補助的に敵航空基地などの固定目標を攻撃するものになるかもしれない。

ＩＡＭＤのうち、日本が獲得を目指す攻撃面の能力については「スタンド・オフ防衛能力」の解説をご覧いただきたい。本稿では、防空面で三文書に言及されている「弾道ミサイル迎撃」、「極超音速兵器迎撃」、「無人機迎撃」について解説する。

新たな脅威――極超音速兵器

■二種類の極超音速兵器

本題に入る前に、新たな脅威として近年注目されている「極超音速兵器」について、解説しておきたい。

極超音速兵器とはマッハ5以上の速度を発揮する兵器を指す。しかし、既存の弾道ミサイルも、ほとんどはマッハ5以上を発揮するので、速度だけでは分類できない。極超音速兵器には、大きく分けて以下の二種類があり、飛行特性で分類されている。

■極超音速滑空体（ＨＧＶ）

弾道ミサイルの弾頭部分を、「滑空体」

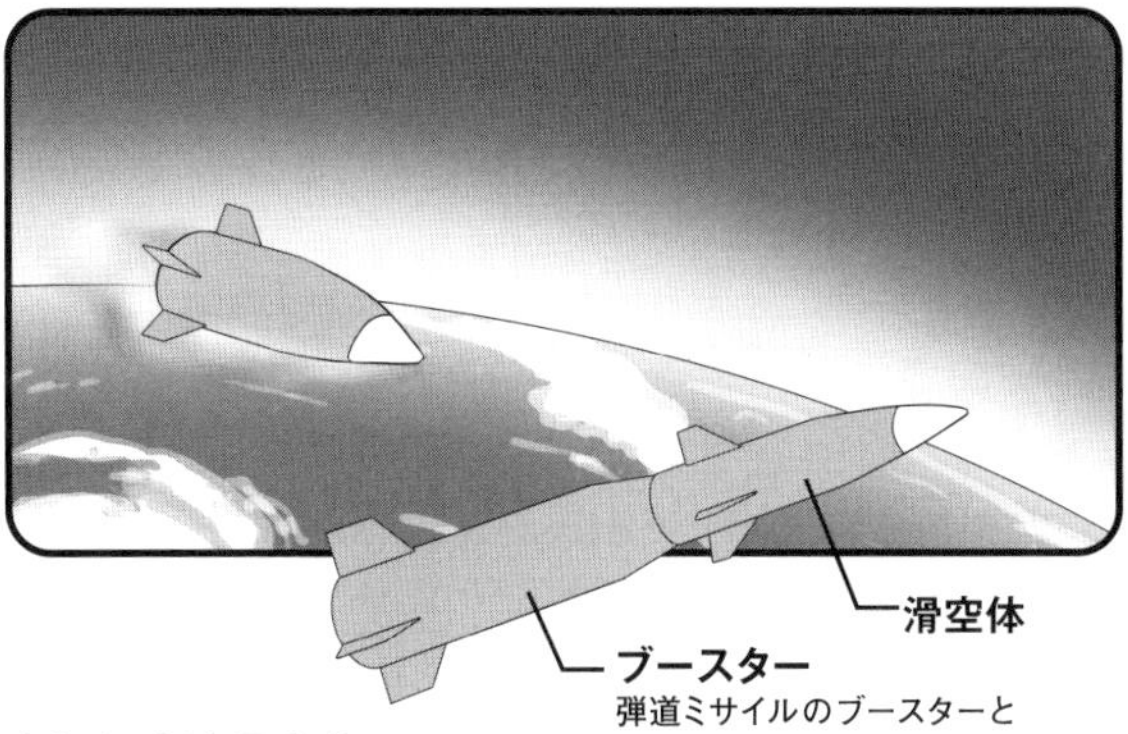

◆極超音速滑空体
HGV:Hypersonic Glide Vehicle
地球の大気の上層部を水面を跳ねる小石のように滑空する（飛翔の軌道は次ページのイラストを参照）。滑空体そのものに推進力はなく、弾道ミサイルと同様のブースターによって打ち上げられる。速度は使用するブースターの規模次第であり、現在開発中のものはおおよそマッハ15〜10程度と言われている。

迎撃が難しい極超音速滑空体（HGV）

◆HGVの軌道

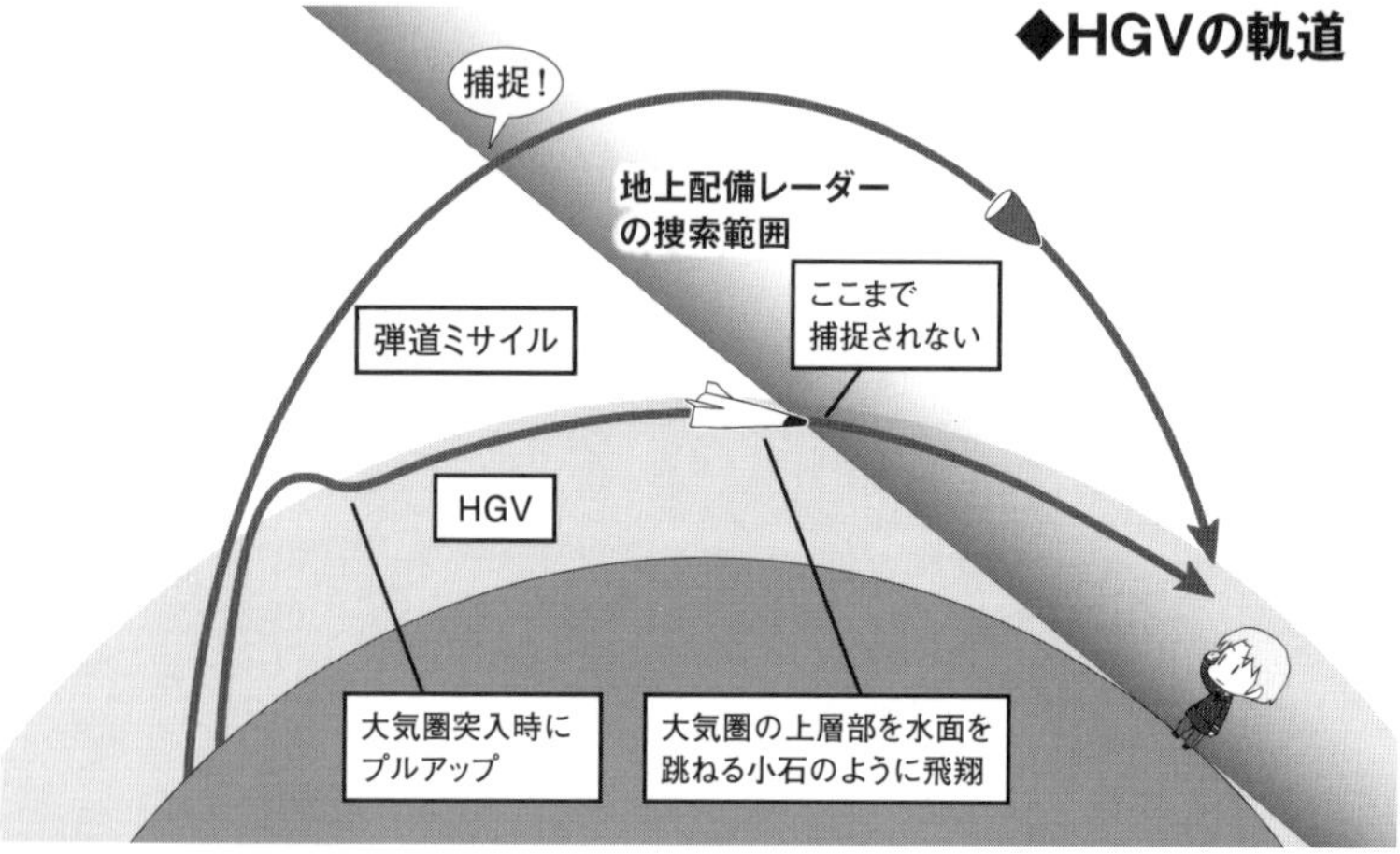
捕捉！
地上配備レーダーの捜索範囲
ここまで捕捉されない
弾道ミサイル
HGV
大気圏突入時にプルアップ
大気圏の上層部を水面を跳ねる小石のように飛翔

宇宙空間で大きく弧を描いているのが弾道ミサイルの軌道。その下、大気圏に沿うように飛ぶのがHGV。発射されたHGVは、ブースター分離後に降下して大気圏に再突入する。このときプルアップを行い、以降は目標まで大気圏上層を跳躍滑空していく。地上配備レーダーは地平線の先を捜索できないため、弾道ミサイルに比べて遠方での捕捉が難しい。

◆既存の迎撃システムを回避

従来の迎撃システムの間隙を突く大気圏上層を跳躍滑空して長距離を飛翔するため、迎撃が困難。

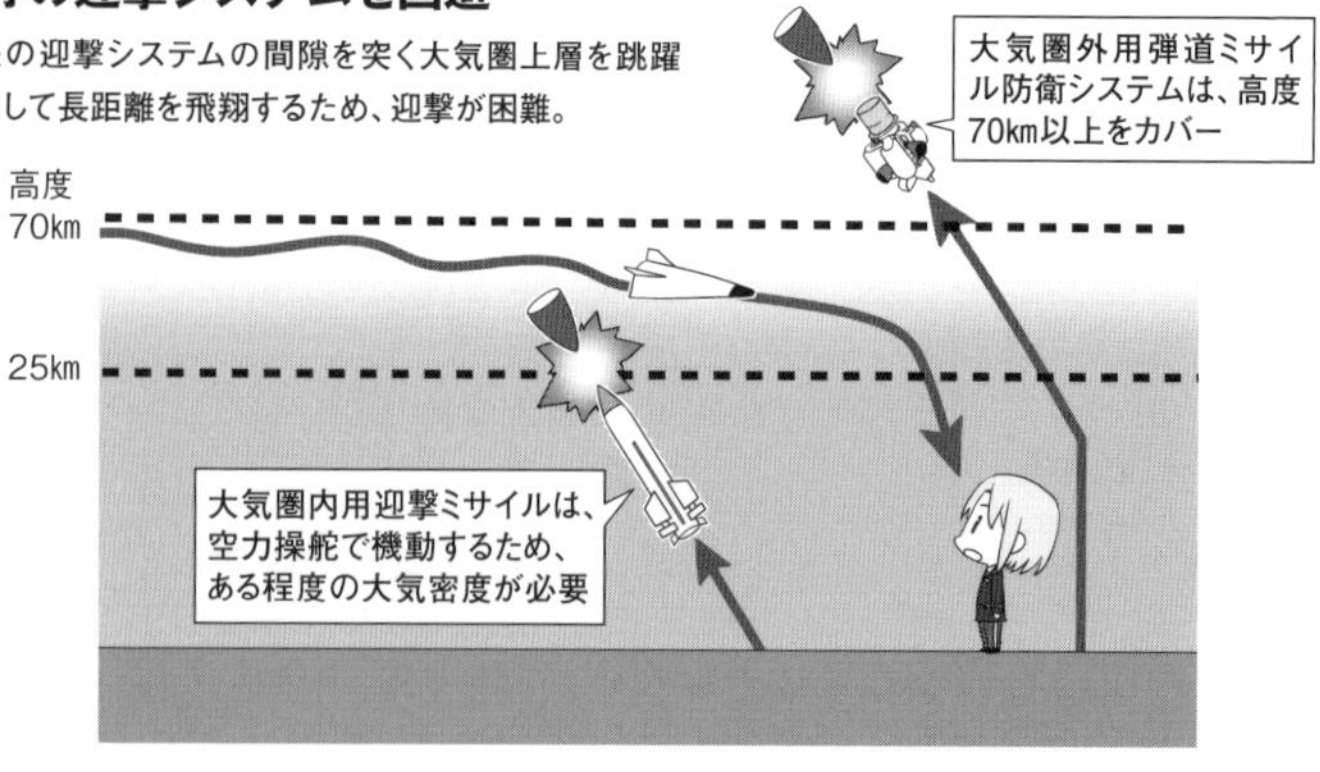
大気圏外用弾道ミサイル防衛システムは、高度70km以上をカバー
高度
70km
25km
大気圏内用迎撃ミサイルは、空力操舵で機動するため、ある程度の大気密度が必要

に置き換えたものが「極超音速滑空体」または「極超音速滑空ミサイル」と呼ばれる。通常の弾道ミサイルの弾頭は、楕円軌道を描いて落下していくだけだが、滑空体は文字通り滑空することで既存の迎撃ミサイルを掻い潜ることができる。

滑空体は推進用ロケットを持たず、弾道ミサイルをブースターとして使用する。低い弾道で打ち上げ、大気圏外で切り離された滑空体は、降下して大気圏に再突入した際に空力操舵を実施して、機首上げ（プルアップ）を行い再上昇する。このとき、速度を失うが飛距離を稼ぐことができる。

この降下と再上昇を何度も繰り返しながら飛ぶことで、大気圏の上層部をまるで水面を跳ねる小石のように飛んでいく。この「滑空跳躍／跳躍滑空（スキップグライド）」と呼ばれる飛び方は、大気圏外用の弾道ミサイル防衛システムが対応できる高度（七〇キロメートル以上）より低く、大気圏内用の迎撃ミサイルが対処できる高度（空力操舵で細かい制御ができる大気密度のある高度、二五キロメートル以下）よりも高い。そのため従来型の迎撃システムを回避できるのだ。

なお、極超音速滑空体の速度は、ブースターの大きさ次第となる。ＩＣＢＭをブースターとして利用すればマッハ20以上もあり得るし、ＭＲＢＭやＩＲＢＭならマッハ10～15程度となる。ただし、前述した通り滑空跳躍を続けると、徐々に速度は落ちていくため、最終的にマッハ３～４あたりを限界として、その前に目標に降下突入（ダイブ）する。

■極超音速巡航ミサイル（ＨＣＭ）

極超音速巡航ミサイルは、スクラムジェット（超音速燃焼ラムジェット）と呼ばれる新しい概念のジェットエンジンを搭載した巡航ミサイルだ。従来のラムジェットはマッハ４～５が限界だったが、スクラムジェットならばマッハ8~9を発揮できる（石油系の炭化水素燃料を使用する場合）。噴射を続けているあいだは速度を維持できる。

飛行高度は二五キロメートル前後で、空気の密度が薄く、抵抗が少ないため高速を発揮しやすい。またHGVの解説でも記したように、大気圏内迎撃ミサイルの空力操舵による細かい制御が効きにくいため、迎撃が難しい。

なお、日本もHGV、HCMを「スタンド・オフ防衛能力」として、開発を進めている。日本のHGVが「島嶼防衛用高速滑空弾」、HCMが「極超音速誘導弾」である。

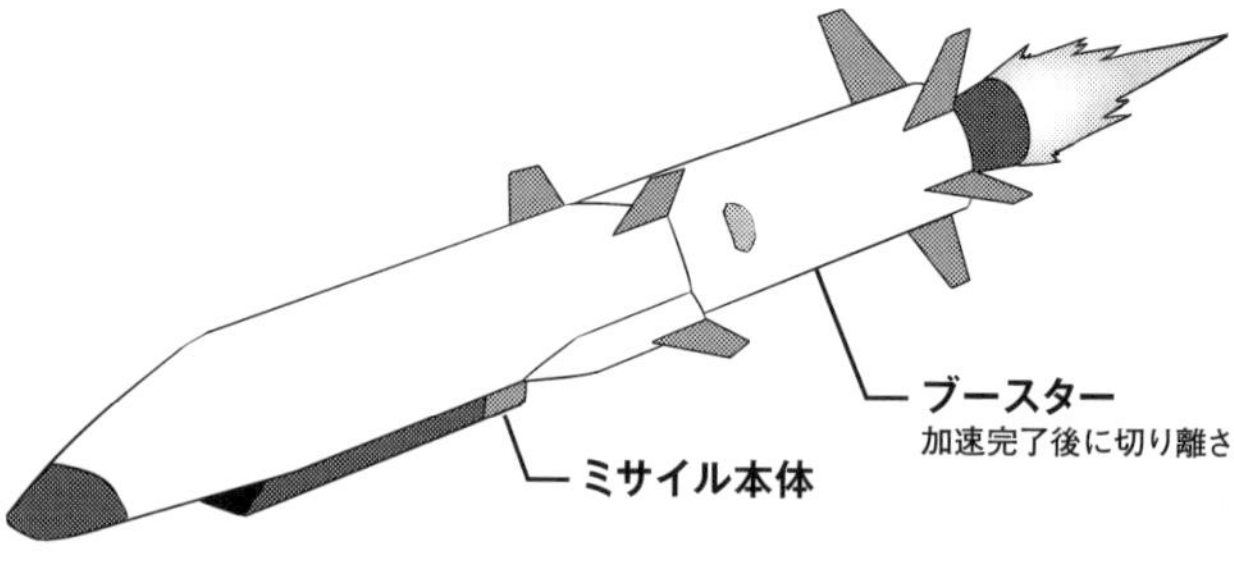
ブースター
加速完了後に切り離される
ミサイル本体

◆極超音速巡航ミサイル

HCM:Hypersonic Cruise Missile

スクラムジェット・エンジンの搭載により極超音速を実現した巡航ミサイル。スクラムジェットは超音速でないとうまく作動しないため、加速にはブースターを用いる。スクラムジェット・エンジンはマッハ8~9を発揮できる。

2 弾道ミサイル迎撃

■北朝鮮ミサイルの脅威

日本の弾道ミサイル防衛（BMD：Ballistic Missile Defense）は、北朝鮮による核開発と、日本まで届く準中距離弾道ミサイル「ノドン」の実戦配備によって、二〇〇〇年代初めに導入が決断された。つまり、「核ミサイルの阻止」が任務である［※1］。

現在、日本の弾道ミサイル迎撃システムは、海上自衛隊のイージス艦に搭載される大気圏外迎撃システム「SM-3」と、航空自衛隊のパトリオット防空システム用の大気圏内迎撃ミサイル「PAC-3」の二段構えで構成されている。これに加えて、陸上自衛隊の防空ミサイル「03式中距離地対空誘導弾」を改修して弾道ミサイルおよび極超音速兵器に対処できる大気圏内迎撃ミサイルとする計画が進行中だ。

実際の弾道ミサイル迎撃の流れは以下のようなものだ。

①アメリカ軍の早期警戒衛星（赤外線衛星）で弾道ミサイル発射の熱源を探知。
②洋上のイージス艦と、陸上の早期警戒レーダーで探知と追尾。
③洋上のイージス艦が大気圏外迎撃ミサイル「SM-3」で迎撃。
④地上のパトリオットが大気圏内迎撃ミサイル「PAC-3」で迎撃。

※1：北朝鮮はノドンよりさらに射程の長い弾道ミサイルを次々に開発しているが、これらはグアムやハワイ、アメリカ本土を攻撃するためのもので、日本への脅威ではない。

現在の弾道ミサイル防衛(BMD)

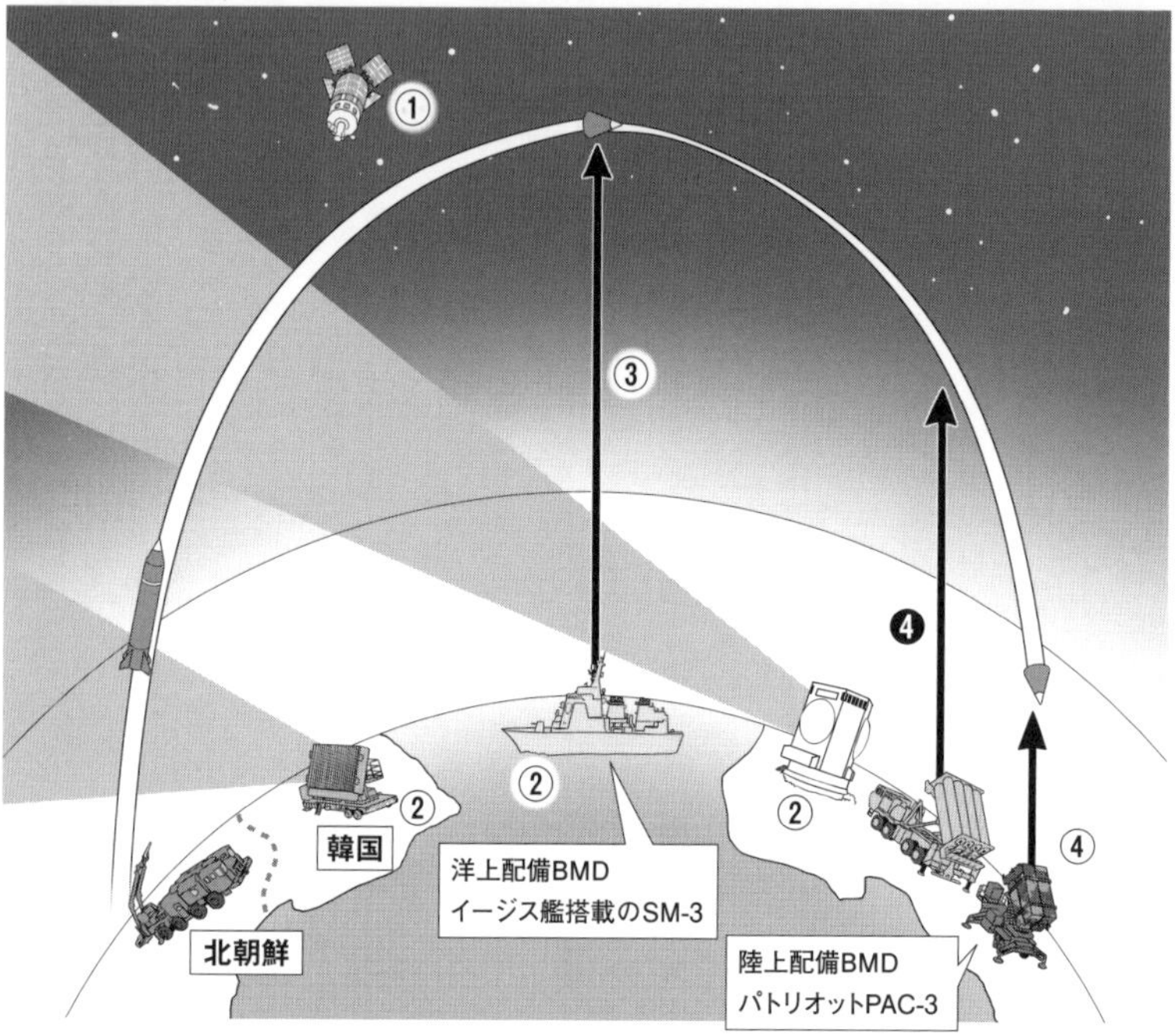

現在、日本の弾道ミサイル防衛(BMD)は洋上配備BMDと、陸上配備BMDの二段構えとなっている。弾道ミサイル迎撃の流れは以下の通り。

①アメリカ軍の早期警戒衛星(赤外線衛星)で弾道ミサイル発射の熱源を探知。
②洋上のイージス艦と、陸上の早期警戒レーダーで探知と追尾。
日本だけでなく、アメリカのイージス艦や韓国の地上配備レーダーの情報ももたらされる。地球は丸いため、発射直後の追尾は韓国のレーダーが頼りとなる。
③洋上のイージス艦が大気圏外迎撃ミサイル「SM-3」で迎撃。
④地上のパトリオットが大気圏内迎撃ミサイル「PAC-3」で迎撃。
さらに、有事にはアメリカ軍の地上配備型弾道ミサイル迎撃システム「THAAD」(❹)が日本に展開すると思われる。PAC-3の射高が20㎞(大気圏内)であるのに対して、THAADは射高150㎞(大気圏外)で、より高高度で迎撃できる。

アメリカ軍の早期警戒衛星による弾道ミサイル発射の熱源探知の情報は、ハワイのC2BMC（指揮管制戦闘管理通信システム）を経由して日本に伝達される。②のイージス艦と早期警戒レーダーは、自衛隊だけでなくアメリカ軍も含まれ、さらに韓国軍のレーダー情報も、ハワイのC2BMC経由で日本に即時情報共有される方向で調整が進んでいる[※2]。

また、有事の際にはアメリカ軍の地上配備型の弾道ミサイル防衛システム「THAAD」[※3]が日本に空輸で緊急展開され、防衛任務に追加配備されることも予想される。

（1）洋上配備BMD

■イージス艦で運用

弾道ミサイル迎撃能力を有するイージス艦を、日本は現在八隻保有している。これらに搭載される迎撃ミサイルが、SM‐3と今度導入予定のSM‐6である。前述の通りSM‐3は大気圏外において弾道ミサイルを迎撃する目的で開発されたミサイルだが、SM‐6は弾道ミサイル迎撃専用ではなく、通常の巡航ミサイルや航空機を迎撃するミサイルに、大気圏内における弾道ミサイル迎撃能力を付与したものになる。

また、BMD専用艦として新たに「イージス・システム搭載艦」の建造が決定している。

①大気圏外迎撃ミサイル「SM‐3」

SM‐3は、イージス艦のMk.41垂直発射機（VLS）から発射する三段式の迎撃ミサイルで、大気圏外（ここでは高度七〇キロメートル以上）でのみ機動できる体当たり式の小型迎撃弾頭を搭載して

※2：2023年中に日米韓で即時レーダー情報共有体制が発足予定。
※3：「終末高高度防衛ミサイル、Terminal High Altitude Area Defense missile」。アメリカが開発した大気圏内迎撃ミサイル。パトリオットよりも高く成層圏の上で迎撃する。

いる。空気抵抗の無い宇宙空間を飛翔するため、最大有効射程は千キロメートルから二千キロメートルに達する驚異的な防護範囲を持つ。弾道ミサイルを中間段階（ミッドコース・フェイズ）で迎撃する広域防空兵器だ。現在までに、以下の3タイプが配備されている。

●SM－3ブロック1A：初期型。すでに生産終了。
●SM－3ブロック1B：センサーや軌道修正装置が改良された。
●SM－3ブロック2A：ミサイルの直径が拡大。射程と射高が倍増

ブロック2Aは日米共同開発で、日本は第二段ロケットと第三段ロケット、およびノーズコーンを担当した（第一段ブースターと迎撃弾頭はアメリカが担当）。なお、SM－3の日本の取得予定数については、アメリカの公開情報から推定できる。

二〇一八年から一九年にかけてアメリカ国防安全保障協力局が公表した日本向けSM－3売却許可数は、新型のブロック2A×九〇発と、従来型のブロック1B×六四発の合計一五四発である。それ以前よりイージス護衛艦「こんごう」型四隻用として配備しているブロック1A×三二発（購入数三六発、うち四発を射撃試験で使用）と合算し、射撃試験で使用するぶん六発（「あたご」型二隻、「まや」型二隻、後述するイージス・システム搭載艦二隻で各一発）を引くと、日本のSM－3配備予定数は総合計一八〇発規模となる。

これに加えて、有事にはアメリカ軍のイージス艦のSM－3も日本防衛に参加するので、数百発規模となり、想定目標をノドンのみとするならば、迎撃だけで完封できる可能性も見えていた。

しかし兵器とはつねに開発競争に晒されるものである。驚くべきことに北朝鮮が日本攻撃用の射程を有する極超音速兵器を実用化する可能性が出てきたのである。北朝鮮は二〇二一年から二二年にかけて、日本に到達可能な極超音速兵器の試射を行っており、量産はまだ確認されていないが、おそらく近い将来に始まる可能性が高い。そうなれば、大気圏外専用のSM－3では対処できなくなる恐れがある。

ノドンが退役したわけではないのでSM－3が無駄になったわけではないが、日米は新たな脅威である極超音速兵器に対抗すべく、ブロック2Aの次の新型迎撃ミサイル「極超音速兵器迎撃ミサイル（GPI）」の共同開発を決定した。GPIは、すでにアメリカで先行して開発計画が進んでおり、日本も一部の構成要素の開発に協力する。GPIについては、後ほど極超音速迎撃兵器迎撃の項で解説する。

②大気圏内迎撃ミサイル「SM－6」

SM－6は二段式の迎撃ミサイルで、SM－3と同様にイージス艦のMk.41VLSから発射される。大気圏内（ここでは高度約二五キロメートル以下［※4］）で機動し、体当たり式ではなく、炸薬を搭載して近接爆破により迎撃する方式で、基本構造は通常の艦対空ミサイルと同様である。

前述した通り、弾道ミサイル迎撃専用ではない。また、迎撃可能高度が低く、弾道ミサイルが着弾する寸前の終末段階（ターミナル・フェイズ）で迎撃することになるため、仮にSM－6で迎撃するとなれば、搭載艦が着弾の予想される付近で待ち構えていなければならない。そのため、日本周辺では弾道ミサイル相手の射撃機会はあまり無いであろう。

※4：空力操舵による細かな機動には一定の空気の濃度が必要であり、おおよそ高度25㎞より高くなると舵が効かなくなっていく。そのため空力操舵による迎撃ミサイルの機動性が低下してしまう。

なお、弾道ミサイル迎撃能力を持つ大気圏内迎撃ミサイルは、終末段階の極超音速兵器（HGV、HCMともに）に対抗可能と見られている。これは、終末段階の極超音速兵器には複雑な動きをするだけの余力が無く、弾道ミサイルと同じような動きとなるためだ。アメリカ海軍では、SM－6がロシア軍の新型兵器である極超音速巡航ミサイル「ツィルコン」を迎撃可能と見ている。

ただし、大気圏内専用のSM－6では迎撃可能な高度が低く、極超音速兵器や弾道ミサイルに対して広域防空はできない。

■イージス・アショア計画の頓挫とイージス・システム搭載艦

SM－3、SM－6とも、高度なレーダーと目標追跡・射撃指揮能力を備えるイージス艦で運用されるが、同等の能力を持った地上配備の弾道ミサイル迎撃システムとして、日本は二〇一七年に「イージス・アショア（地上配備型イージス）」二基の採用を決定した。

これは、現有八隻のイージス艦に圧しかかるBMD任務の負担軽減や、海上自衛隊の慢性的な艦艇乗員不足の状況を考慮したものだった。しかし、防衛省による配備予定地住民への説明に不手際が連続したことから、二〇二〇年には計画中止を余儀なくされてしまい、代替案として新造艦二隻の建造が決まる。これが「イージス・システム搭載艦」と呼ばれている。ややこしいことに従来の「イージス艦（イージス・システム搭載護衛艦）」と名称が酷似している。

しかし、艦船の場合、修理・メンテナンスのため任務に就ける期間は一年の半分以下となる。地上配備イージス・アショア二基を代替するなら代替艦は四～六隻が必要となり、二隻では不足すると懸念が示されていた。

将来の洋上配備BMD

洋上配備BMDは、イージス艦が2隻追加され10隻体制となり、さらにイージス・システム搭載艦も2隻建造される。同艦は、BMDのほか極超音速滑空弾迎撃能力や対艦攻撃能力も備え、全長200m級の大型艦となる見込み。

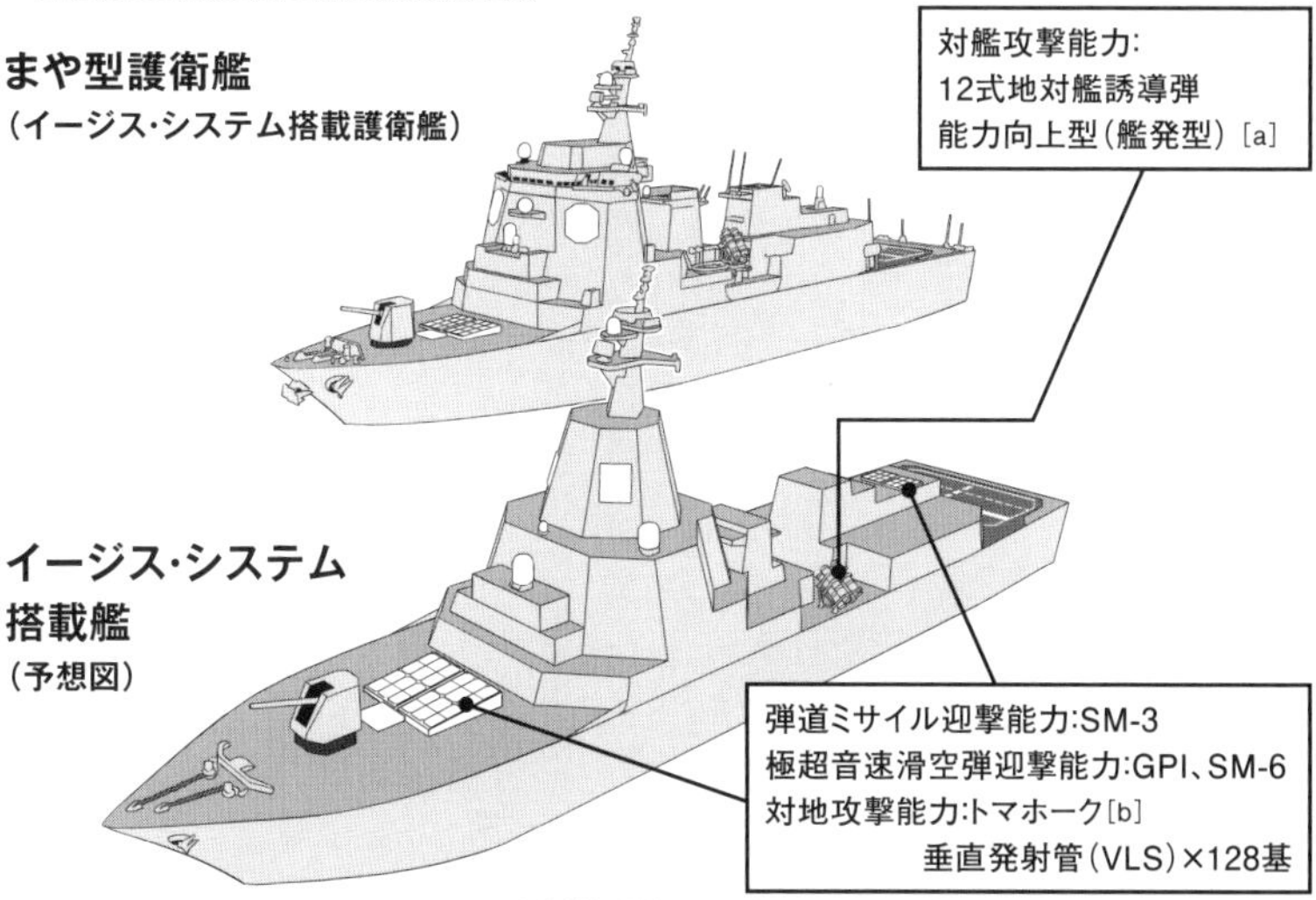
まや型護衛艦
(イージス・システム搭載護衛艦)
対艦攻撃能力:
12式地対艦誘導弾
能力向上型(艦発型)[a]
イージス・システム
搭載艦
(予想図)
弾道ミサイル迎撃能力:SM-3
極超音速滑空弾迎撃能力:GPI、SM-6
対地攻撃能力:トマホーク[b]
垂直発射管(VLS)×128基

a:12式地対艦誘導弾能力向上型は簡易な対地攻撃能力も有すると思われる。
b:今回、日本が購入するトマホークは、対艦攻撃能力を持たないものだと思われる。

◆洋上配備BMDの現在と将来

[艦艇]		
現在	イージス艦 ×8隻	本来、多用途艦であるイージス艦にBMD任務の負担が大きい
↓		
計画	イージス艦 ×10隻	新たに2隻を建造する
	イージス・システム搭載艦 ×2隻	弾道ミサイル／極超音速兵器の迎撃と、巡航ミサイル攻撃の能力を持つ。地上配備型「イージス・アショア」計画廃止の代案。
	※増勢によりイージス艦への負担は軽減されるが、艦艇乗員の慢性的不足という問題は残る。	
[迎撃ミサイル]		
現在	SM-3ブロック1A／1B	
↓		
計画	SM-3ブロック2A	射程と射高が倍増(なお、ブロック1A／1Bも引き続き併用される)。
	SM-6	大気圏内用の汎用ミサイル(対空／対艦)であり、弾道ミサイル迎撃の出番は限られるが、極超音速兵器への迎撃能力を持つ。

だが、驚くべきことに三文書（防衛力整備計画）では、イージス・システム搭載艦（アショア代替艦）二隻とは別に、イージス艦（イージス・システム搭載護衛艦）を「一〇隻」整備すると書かれていたのである。既存のイージス艦が八隻なので、二隻増えることを意味している。

増勢によるローテーションで、イージス艦一隻あたりの負担は軽減されたものの、艦艇乗員の不足という問題は余計に圧迫されることになってしまった。

ただし――結果論になるが、この計画変更は都合が良かった可能性もある。イージス・アショア二基で日本全土を防空する構想は、大気圏外迎撃ミサイルSM－3ブロック2Aの長大な防護範囲が前提だったが、将来もし北朝鮮が極超音速兵器を実用化してしまうと、同ミサイルの迎撃可能高度が対応しておらず、新型迎撃ミサイルGPIが必要になるだろう。

このGPIの最大有効射程は、おそらくSM－3ブロック2Aより、かなり短くなることが予想されたため、固定配備のイージス・アショア二基で日本全土を防空する構想は破綻してしまうのだ。

つまり、防衛省の不手際とは無関係に、計画は根本から修正すべきだったことになるであろう。

■アメリカ軍のイージス・アショア

やや余談になるが、アメリカ軍のイージス・アショアについても触れておきたい。アメリカは日本が計画を中止する以前から、グアムに配備する計画を進めている。ただし、地上固定式から車載移動式へと変更され、完全に別物の防空システムに変貌している（通称「イージス・グアム・システム」）。

車載移動式への計画変更は、強力な戦力を持つ中国が仮想敵としてクローズアップされたことで、精密誘導可能な弾道ミサイルと巡航ミサイルに猛攻される可能性が高まり、逃げも隠れもできない地上固定式は拒否されたためである。なお、対北朝鮮を想定した日本や、対イランを想定した欧州のイージス・アショアが固定式を選択したのは、相手にそこまでの能力が無いと判断されたからだ。

（2）陸上配備BMD

①大気圏内迎撃ミサイル「パトリオットPAC－3」

「パトリオット」は、アメリカが開発した車載移動式の地上配備型防空システムで、当初（PAC－1型）は航空機や巡航ミサイルの迎撃用であったが、段階的な改良を経て、現在、主に配備されている「PAC－3」型は弾道ミサイル迎撃に対応している。PAC－3迎撃ミサイルは炸薬の代わりに一八〇個ものサイドスラスターを搭載し、体当たりで弾道ミサイルを破壊するという特異なミサイルだ。

また、巡航ミサイルや航空機への対処として、「リサリティ・エンハンサー」と呼ばれる少量の炸薬と金属ペレットを組み合わせた近接爆破システムも搭載しており、大気圏内のあらゆる目標に対処することが可能となっている。

北朝鮮の極超音速兵器開発

北朝鮮が機動式弾道ミサイル（大気圏突入時に機動変更して迎撃を困難にする弾道ミサイル）のKN‐23をパレードで初公開したのが二〇一八年二月で、試射の初公開が翌年五月だった。そして、極超音速滑空体である火星8号は二〇二一年九月に試射が公開され、極超音速ミサイルの試射は二〇二二年一月だった。

北朝鮮が大気圏外迎撃ミサイルの迎撃可能高度の下を掻い潜ることができる、低く飛べる機動式弾道ミサイルや極超音速兵器の開発を進めていたことが発覚したのは、日本がイージス・アショア計画を決定した二〇一七年一二月より後だったのである。

●PAC－3
●PAC－3CRI：PAC－3の廉価版。性能は変わらず。
●PAC－3MSE：迎撃ミサイルの直径を拡大し射程と射高を増大。
●PAC－2GEM－T：PAC－2誘導強化型。戦域弾道ミサイルへの対処能力を持つ。

PAC－3以前のPAC－2型は近接爆破方式のみで、巡航ミサイルや航空機への対処能力しか持っていなかったが、改修により弾道ミサイル迎撃能力を与えられた（もちろん、当初から弾道ミサイル迎撃を考えて設計されたPAC－3のほうが、迎撃能力は高い）。

なお、迎撃ミサイルの大きさが形式により異なり、PAC－3の迎撃ミサイルはPAC－2のものより小さく、PAC－2×一本分のスペースにPAC－3×四本が収まる。発射機一両に対してPAC－2なら最大四本、PAC－3なら最大一六本を搭載できる。また、PAC－3MSEは最大一二本を搭載できる。

なお、自衛隊ではパトリオットの能力向上を目的として、アメリカのレイセオン社が開発した新型レーダー「LTAMDS」の導入を予定している。従来のパトリオット用レーダーより二倍以上の出力を持ち、探知能力が大きく向上。さらに背面に二枚の小型レーダーパネルが追加されたことで死角が無くなっている。

対弾道ミサイルのみを考えるならレーダーパネルは一枚でも問題ないが、死角を狙って迂回飛行してくる巡航ミサイルなどとの複合攻撃を敵が行ってきた場合に、対処しやすくなる。

航空自衛隊に配備されている長距離地対空ミサイルであり、現時点で自衛隊唯一の陸上配備BMDであるパトリオットPAC-3。射程と射高を増大させたMSE型への改修が進んでいる。写真はPAC-3とPAC-3MSEが混載(写真:鈴崎利治)

陸上自衛隊に配備されている中距離地対空ミサイル、03式中距離地対空誘導弾。2003年に制式化された。2010年代には改良型の開発が進み、これは「(改善型)」と呼ばれている。能力向上型では、弾道ミサイルと極超音速兵器への迎撃能力が与えられる(写真:菊池雅之)

◆陸上配備BMDの現在と将来

現在	パトリオットPAC-3	
↓		
計画	パトリオットPAC-3の能力向上	新型レーダーにより探知能力を向上。
	03式中距離地対空誘導弾（改善型）能力向上型	既存の03式（改）に、弾道ミサイル／極超音速兵器迎撃能力を持たせる。

②03式中距離地対空誘導弾（改善型）能力向上

陸上自衛隊が現在配備している「03式中距離地対空誘導弾（改善型）」（通称「03式中SAM（改）」）をさらに能力向上させ、弾道ミサイルおよび極超音速兵器の迎撃に対応させる計画が進行している。

この03式中SAM（改）能力向上の開発計画は、二種類を同時並行で進めるとされており、「早期研究開発分」が二〇二六年（令和八年）までに、「新規研究開発分」が二〇二八年（令和一〇年）までに開発完了する予定。

改修内容の詳細はまだ不明だが、「早期研究開発分」は射撃管制システムのソフトウェアの改修によって高速目標に対応させるもので、「新規研究開発分」はハードウェアの改修（改修型ないし新型の迎撃ミサイルの開発）を行うものだと予想される。

3 極超音速兵器迎撃

■既存の防空システムでは迎撃困難

極超音速兵器については、前述したように、既存の防空システムを掻い潜り、かつ高速により迎撃を困難とさせるものとして、新たな脅威として注目されている。三文書では、極超音速兵器への対処能力を得るためいくつかの新装備の開発が記されている。

①極超音速・弾道追跡宇宙センサー(HBTSS)

極超音速兵器は、弾道ミサイルより低い高度を飛ぶので、遠距離から見ると地球の丸みの陰(地平線の向こう側)に隠れてしまい、地上レーダーでの探知・追尾ができない。そこでアメリカ軍は宇宙に置いた早期警戒・追尾衛星によって、極超音速兵器を探知・追尾しようと考えている。これが「極超音速・弾道追跡宇宙センサー(HBTSS)」計画である。日本はこの計画に参加してアメリカのHBTSSの探知・追尾情報を利用し、また補佐する計画を検討している。

計画では、探知を弾道ミサイルと同じく早期警戒衛星による赤外線熱源探知で行い、飛行中の追尾は低軌道の衛星によって横方向から宇宙を背景に目標を見る「リム観測」により行うことが考えられている(詳しくは第四章にて解説されている)。

②滑空段階迎撃ミサイル（GPI）

極超音速兵器迎撃ミサイル（GPI：Glide Phase Interceptor）の開発計画はアメリカで進行中であり、日本も共同開発に参加して導入を行う予定だ。

GPI計画は、現在ロッキード・マーティン社とノースロップ・グラマン社の競争試作となっており、詳細はまだ判明していない。ただし、イージス艦で運用する迎撃ミサイルになることは明らかで、Mk.41VLSに収納可能なサイズになる予定だ。

GPIの仕様はまだ不明だが、迎撃弾頭は高度二五～七十キロメートルでも機動を行えるように空気抵抗に考慮した砲弾型の形状で、空力操舵のみに頼らずサイドスラスターないしTVC（推力偏向制御）などを併用する方式になると思われる。炸薬を搭載しない体当り直撃方式になる可能性が高い。同じMk.41VLS搭載用で完全な大気圏外専用のSM－3ブロック2Aと比べると有効射程は劣るものとなるだろう。

③HGV対処用誘導弾

GPIとは別に、日本独自で計画している極超音速兵器迎撃ミサイル計画が「HGV対処用誘導弾」である。GPIよりもはるかに大きい迎撃ミサイルとなることが、二〇二三年三月一四日に開催された「防衛装備庁技術シンポジウム2022」で示唆されている。なんと「SM－3ブロック2Aの数倍の大きさと固体ロケットモーターを搭載」と言及があり、車載移動式の地対空ミサイルとしては世界最大級のものとなる可能性がある。巨大化する理由は、できるだけ広い範囲を防空したいから（射程を長くしたい）からであり、そのぶん一発あたりの調達コストは高額なものになるであろう。

HGV対処用誘導弾の迎撃体は、技術シンポジウムの説明動画によればアメリカ軍の弾道ミサイル

極超音速滑空弾の迎撃

極超音速滑空弾は大気圏上層を滑空飛行したのち、最終的に目標に向けてダイブする。前者の段階を「滑空段階」、後者の段階を「終末段階」という。

滑空段階を迎撃できる兵器は現時点で存在しない。そのため、日米で「GPI」を、日本単独で「HGV対処用誘導弾」を開発中である。

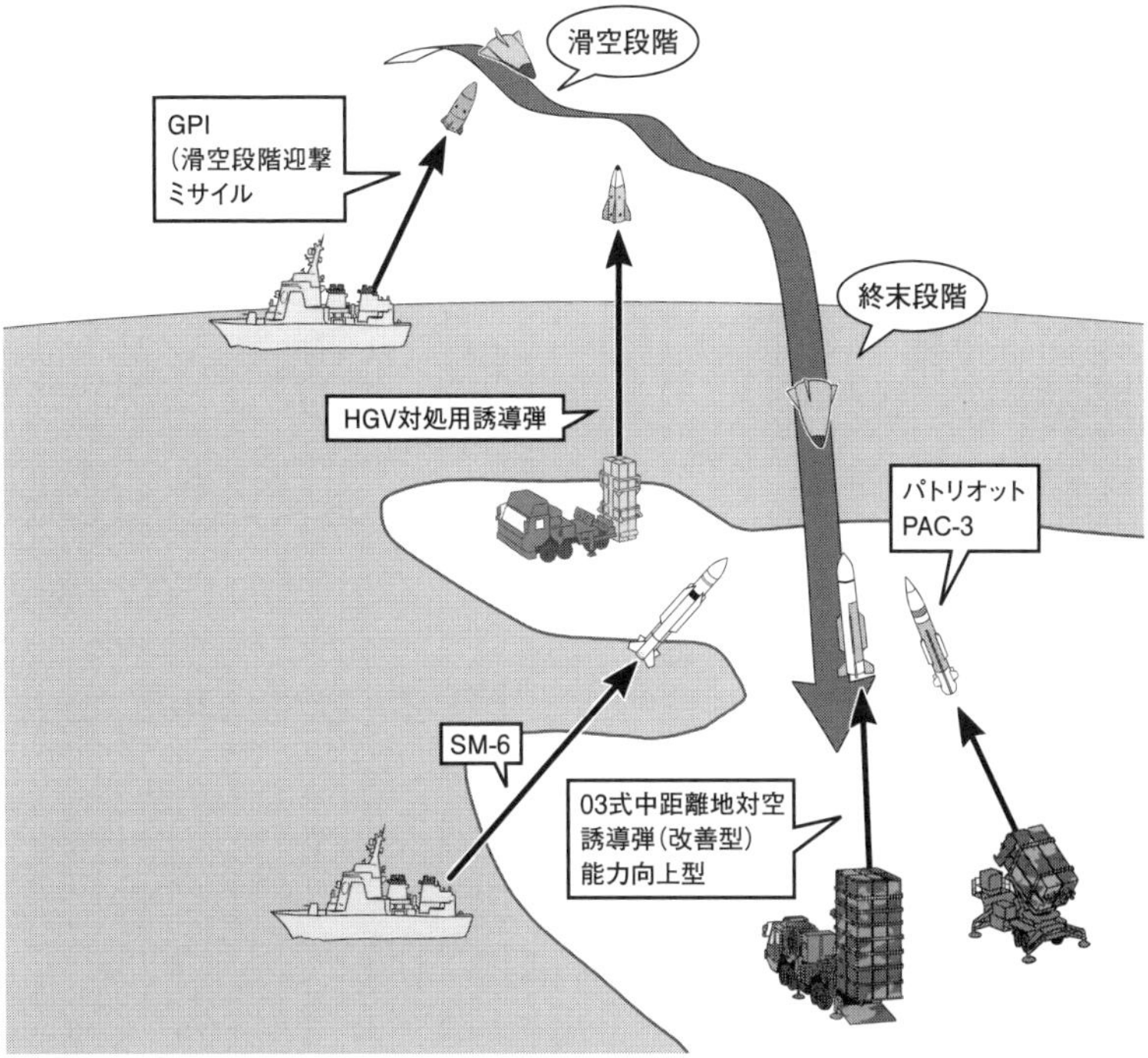

終末段階は、複雑な機動変更は無く、目標に向けて真っ逆さまに落下するのみであるため、通常の弾道ミサイルの終末段階と変わらない。そのため、弾道ミサイル迎撃システムのうち、大気圏内用のもの(SM-6、パトリオットPAC-3、03式SAM改 能力向上型)が迎撃に使用できる。

防衛システム「THAAD」の迎撃体に操舵翼を追加したような形状となっている。空力操舵とサイドスラスターの制御を組み合わせることで、はげしく動く極超音速兵器に追従しつつ、空気の薄い高度でも緻密に制御して、体当たりによる撃破を狙う設計となっている。

■極超音速兵器の終末段階（大気圏内）迎撃

GPIとHGV対処用誘導弾は、どちらも中間段階での迎撃用であるのに対して、終末段階の大気圏内での迎撃についてはSM-6の項で説明したように、弾道ミサイル迎撃が可能なら同様に迎撃が可能である。

PAC-3、SM-6、03式中SAM（改）能力向上は、大気圏内での極超音速兵器の終末段階迎撃に対応している。

4 無人機迎撃

■ゲームチェンジャーとなり得る

戦場での無人機（ＵＡＶ）の使用は、今や当たり前となりつつある。現状では、まだ偵察や観測など補助的な活用が多いものの、将来的に人工知能（ＡＩ）の技術が進化して、自己判断による自律戦闘が可能となれば、主力攻撃兵器の地位を獲得して戦場の様相を一変させるゲームチェンジャーになると見られている。

とくに注目されるのが、自律戦闘型無人攻撃機によるスウォーム戦術（群れ制御）である。「群れ」とあるが、単に多数で一斉に攻撃するという意味ではない。それぞれの無人機が自己判断で動き、僚機たちと情報を共有して目標を探し出し、攻撃を実行する戦法を採る。人間が細かい操作指令を出さず、状況が複雑に変化する戦場に、臨機応変に対応して攻撃するロボット兵器だ。

現時点では、ＡＩに敵・味方・民間人の区別を付けさせることは非常に難しく、とくに民間人や民間資産への攻撃を抑制する判断能力が充分でなければ無差別攻撃兵器となってしまうおそれがあるものの、急速に進化するＡＩ技術は、この問題を克服してしまう可能性がある。

自衛隊では、将来に登場するであろう自律戦闘型無人攻撃機によるスウォーム戦術を含めて、無人機を迎撃する新たな方法を準備しようとしている。

現在の無人機の主流である遠隔操作型無人機は、通信電波を妨害すれば行動を大きく制限できるが、

UAV（無人航空機）の普及

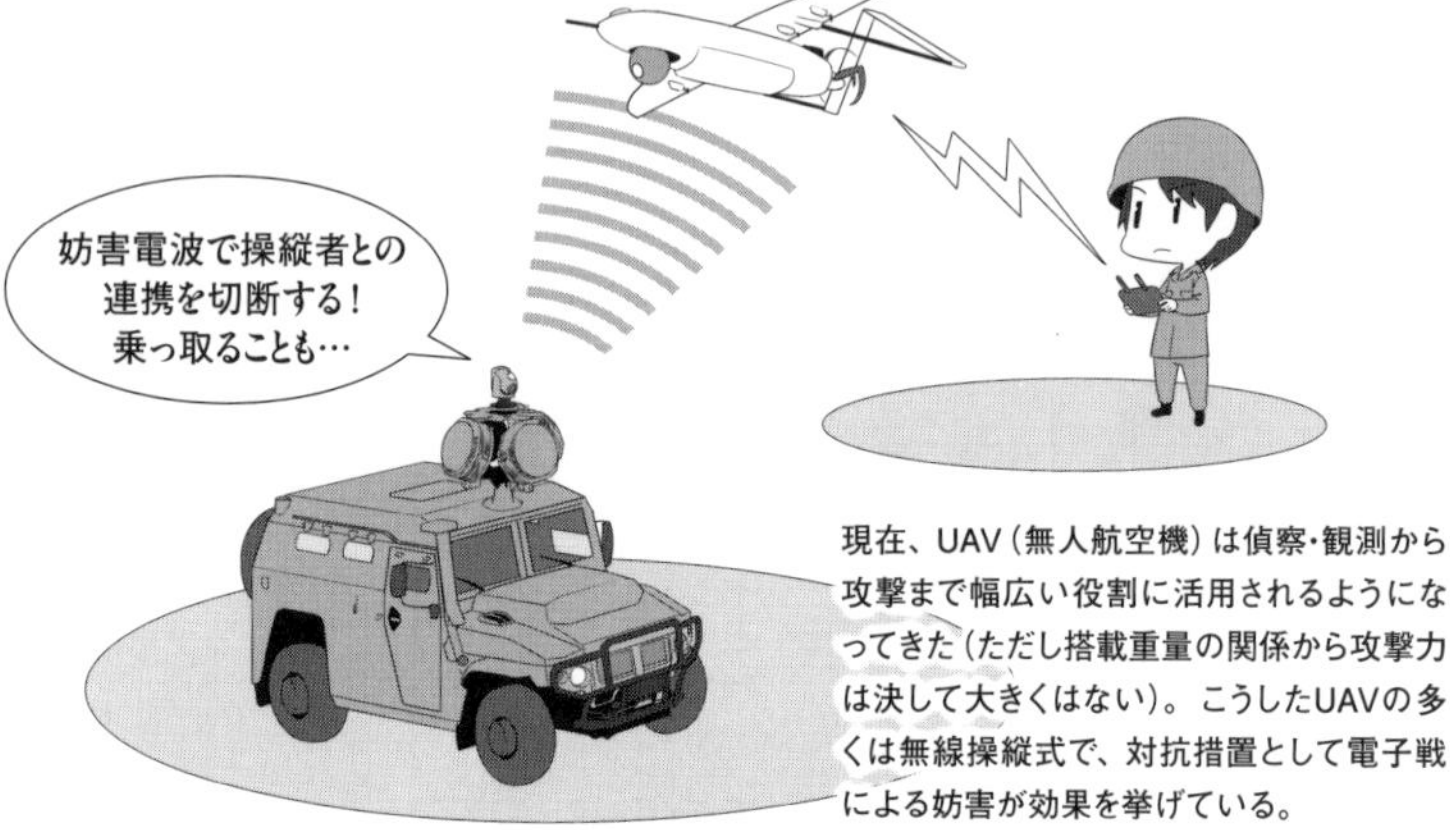

現在、UAV（無人航空機）は偵察・観測から攻撃まで幅広い役割に活用されるようになってきた（ただし搭載重量の関係から攻撃力は決して大きくはない）。こうしたUAVの多くは無線操縦式で、対抗措置として電子戦による妨害が効果を挙げている。

◆将来の脅威
――AI技術とスウォーム戦術

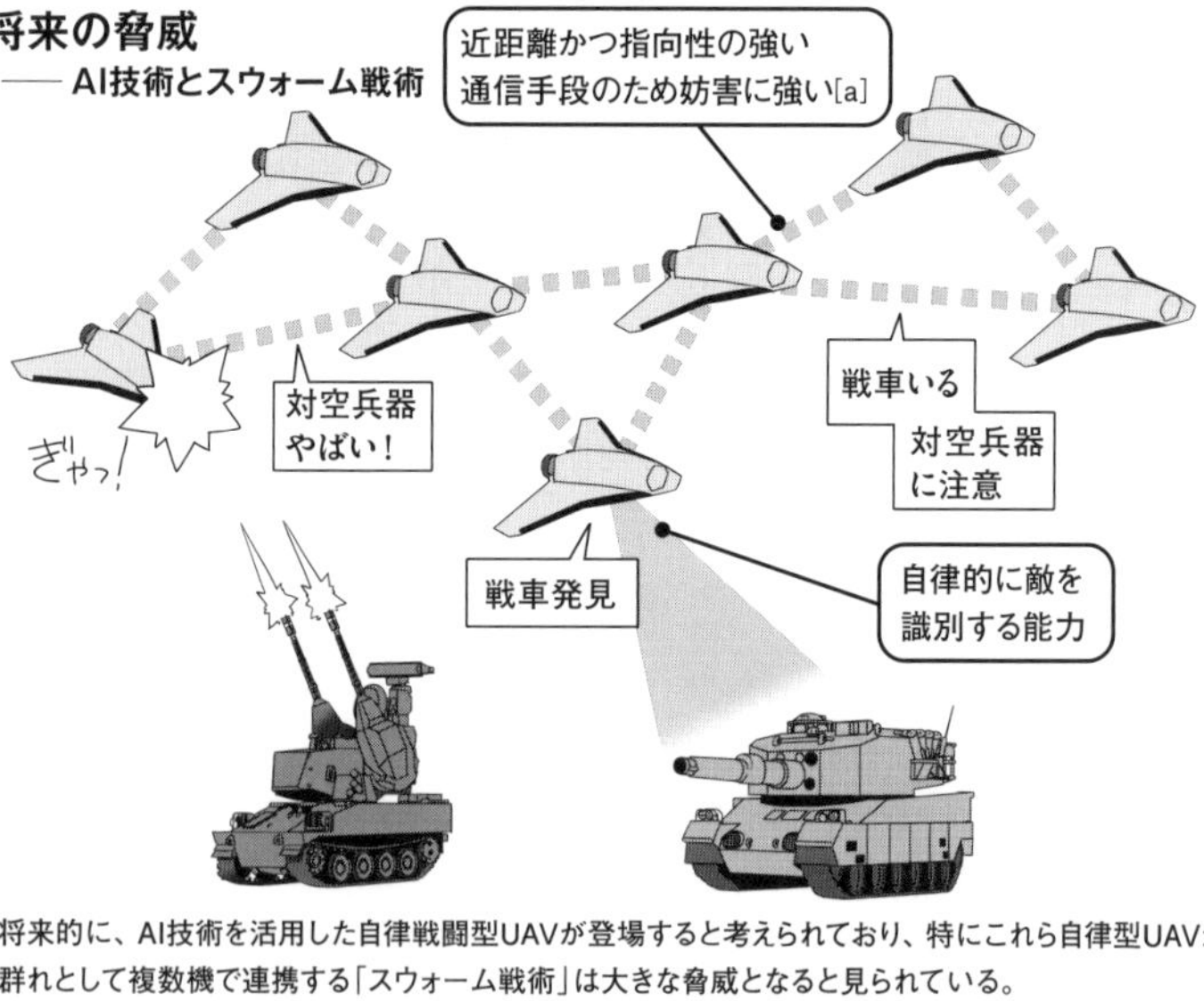

将来的に、AI技術を活用した自律戦闘型UAVが登場すると考えられており、特にこれら自律型UAVが群れとして複数機で連携する「スウォーム戦術」は大きな脅威となると見られている。

a:UAV間の通信は電波のほかに、レーザー光などが検討されている。

自律戦闘型無人機は基本的に遠隔操作を行わないので電波妨害が通用しない。

また、従来からある対空ミサイルや機関砲による物理的破壊は、小さな無人機が大群で襲い掛かってきた場合に、対処能力を超えてしまう恐れがある。

①高出力マイクロ波照射技術の研究

防衛省が研究中の高出力マイクロ波（ＨＰＭ：High Power Microwave）兵器は強力な電磁波を照射して対象目標の電子回路をショートさせ、撃墜しようという装備だ。

ＨＰＭ兵器は電子回路の防護（シールド）を充分に施した高級な機種には効果が薄くなるが、スウォーム戦術を行うような無人機は、数を揃えるために小型で安価なものとならざるを得ず、防護も満足には施されていないだろう。効果範囲は遠距離になるとやや広がっていくので、複数の無人機を一挙に無力化できる。自律戦闘型無人機によるスウォーム戦術に対抗できる本命の装備になるのではないかと期待されている。

一方で、有人の戦闘機やヘリコプターはもちろん、大型無人機やミサイルにはシールドがあるので、ＨＰＭの有効距離が短くなり、ほとんど通用しない恐れがある。

注意したいのは、電子回路の防護がない味方の機材や、民間の機材が巻き添えになる可能性だ。電磁波の指向性は高いものでも徐々に広がっていくため、敵無人機を一網打尽できるという利点が、運用条件によっては逆に足枷となってしまうかもしれない。

ＨＰＭ兵器は、将来の脅威である自律戦闘型無人機のスウォーム戦術に対抗するための新兵器だが、もちろん既存の遠隔操作型無人機や、プログラム飛行型無人機に対しても有効な迎撃手段となり得る。

無人機の迎撃

◆高出力マイクロ波
（HPM:High Power Microwave）兵器

強力な電磁波（マイクロ波）を照射して目標の電子回路をショートさせ、撃墜する。

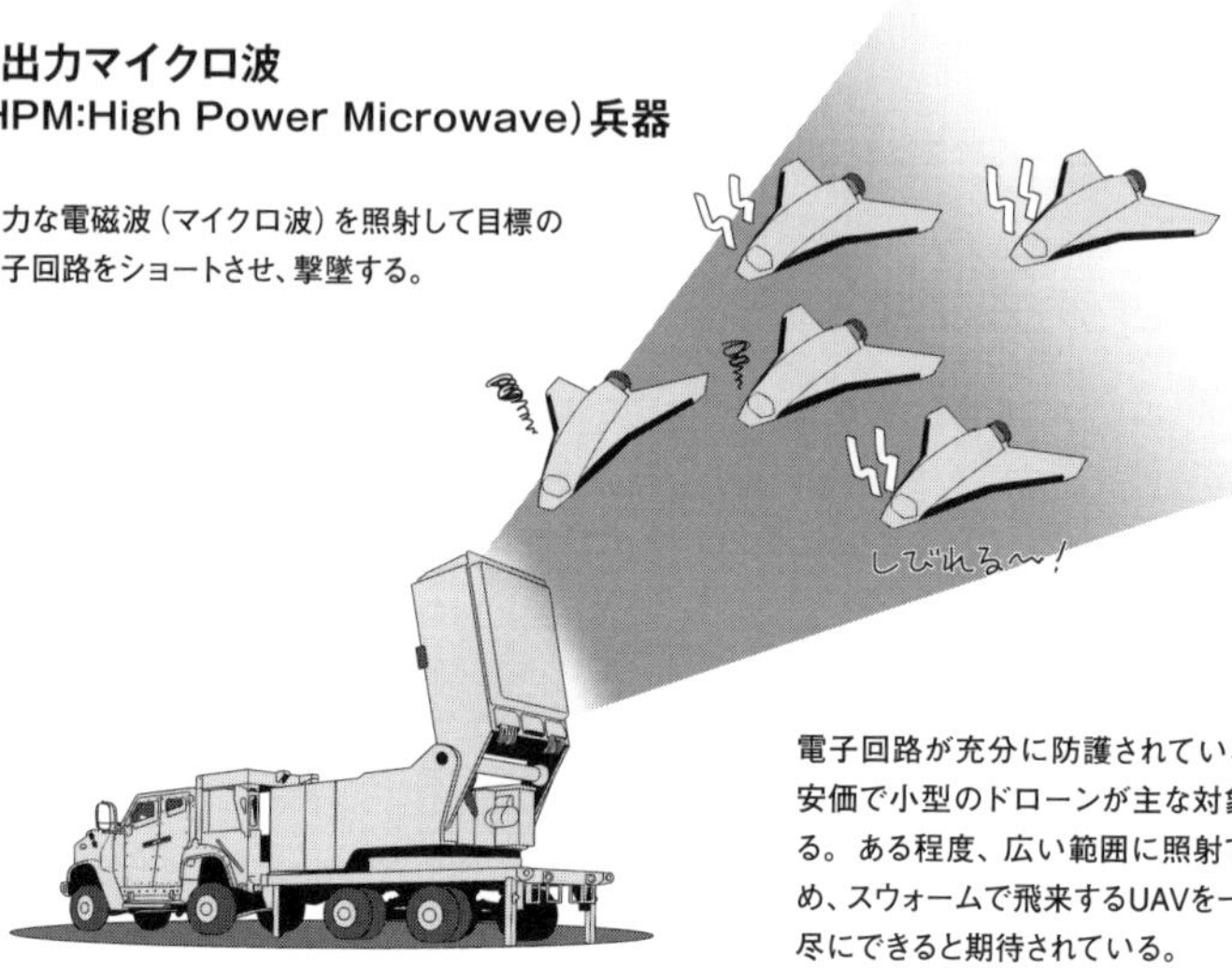

電子回路が充分に防護されていない、安価で小型のドローンが主な対象となる。ある程度、広い範囲に照射できため、スウォームで飛来するUAVを一網打尽にできると期待されている。

◆高出力レーザー
（HEL:High-Energy Laser）兵器

無人機だけでなく、巡航ミサイルや各種の経空脅威に対する近距離防空兵器として研究が進められている。

瞬時に目標を攻撃できる即応性、射撃1回あたりのコストの低さなどの利点がある。一方で、出力次第では一定時間照射し続ける必要があるため、高速目標に致命傷を与えられない可能性がある。

②車両搭載型レーザー装置（近距離ＵＡＶ対処用）の研究

同じく防衛省が研究中の高出力レーザー（ＨＥＬ：High-Energy Laser）は、無人機だけでなく、将来的には巡航ミサイルの迎撃まで視野に入れて開発が進んでいる。レーザー砲の利点として、瞬時に目標を攻撃できる即応性、射撃1回あたりのコストの安さ、流れ弾が発生しない安全性などがある。一方で欠点としては、降雨時は威力が急減してしまうことや、装置が大きくなりがちであることがある。また、出力が低く有効射程が短いと、高速目標に対して照射できる時間が短くなり、致命傷を与えにくいことがある。

迎撃用のレーザー兵器は、アメリカやロシアなど各国で開発中にある。小型の民生品ドローン級の目標ならば、低出力な一〇～五〇キロワット級レーザーでも破壊可能なため、アメリカ陸軍や空軍では車載型の試験が始まっている。また、海軍ではより大型のＨＥＬを、一部の艦艇に搭載して試験運用が始まっている。

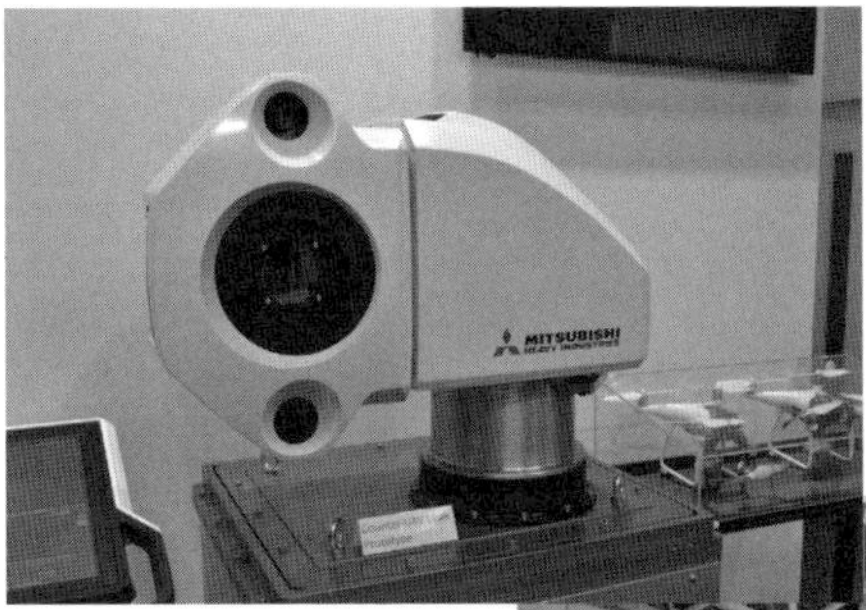

2023年3月に千葉県で開催された防衛装備見本市では、複数の企業が高出力レーザーを出展していた。上は三菱重工、下は川崎重工が展示したモデルである。どちらも車載を考えて、比較的小型となっている。実際、川崎重工の展示は、同社の4輪バギー「MULE」に搭載して展示されていた
（写真：綾部剛之）

二〇二〇年にアメリカ軍が議会に提出した報告書によると、亜音速巡航ミサイルをレーザーで余裕をもって迎撃するには三〇〇キロワット級の出力が必要とされており、超音速巡航ミサイルが相手となれば、この数倍の出力は必要になるだろう。機材を実用に耐えるサイズまで小型化するには、まだ時間がかかりそうだ。

■まとめ――過去の脅威と新たな脅威

日本はこれまで、敵の長距離兵器による攻撃に対して「北朝鮮の弾道ミサイル」と「ロシアおよび中国の巡航ミサイル」を想定して防空体制の整備を行ってきた。前者は二〇〇〇年代はじめから、後者はソ連が存在していた冷戦時代からである。

しかし、今や新たな脅威である「極超音速兵器」が登場した。将来的には「自律戦闘型無人攻撃機」も登場するだろう。自衛隊はこれらの新たな脅威に対処するために、ＩＡＭＤのもとで防空体制も新たに再構築しなければならない。

第3章

無人アセット防衛能力

現代戦に不可欠の「無人兵器」が、将来の自衛隊の姿をどう変えるのか?

解説：数多久遠

1　無人アセット導入の背景

■煮詰め切れていない「無人アセット」導入

二〇〇四年から量産機が配備された陸自の遠隔操縦観測システム「FFOS」［※1］や一九六七年から調達配備が始まった海自の「DASH」［※2］など、自衛隊における無人アセットの導入は諸外国に先んじているものの、近年の急激な無人アセットの普及には、少々遅れを取っていることは否定できない。

しかしながら、三文書において無人アセット防衛能力の獲得が重視されることとなったため、今後は自衛隊に無人航空機（UAV）を始めとした無人アセットの急速な導入が進むだろう。

ただし、整備の規模や数量が記されている防衛力整備計画 別表2を確認すると、他の能力に関しては具体的な導入数が示されているものの、無人アセット防衛能力に関しては全く示されていない。研究の結果や複数の機種を試験的に導入し、実地でのテストを経て導入されるものが多いため、三文書の閣議決定時点では煮詰めきらなかったものと推測される。

このため、本書執筆の段階でも、導入する具体的な装備については機種や数量が未定となっているものがほとんどの状況だ。また、発展が著しい分野であるため、陳腐化も激しく、一旦決定された具体的装備が覆されるなどの可能性も考えられる。

この章では、防衛省・自衛隊が何故無人アセット防衛能力を強化するのか、そしてそれによって何を達成しようとしているのか概括したい。

※1：FFOSは偵察・情報収集や火砲の弾着観測に用いられている無線操縦の小型回転翼機。「Flying Forward Observation System」の略。また、改良型はFFRS（Flying Forward Reconnaissance System）。一部の方面隊の方面情報隊や特科の観測中隊に配備されている。

現代における無人アセット

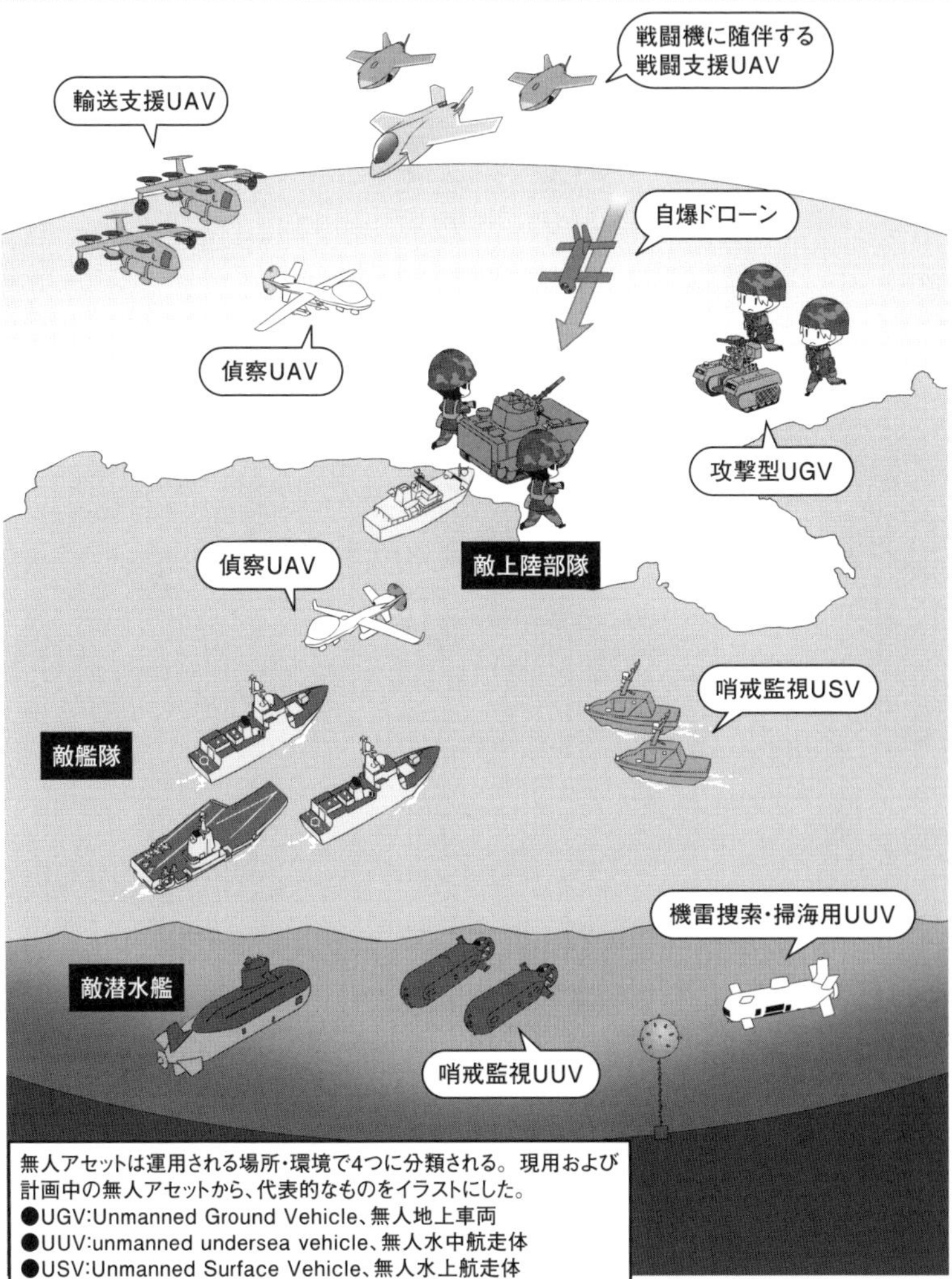
戦闘機に随伴する
戦闘支援UAV
輸送支援UAV
自爆ドローン
偵察UAV
攻撃型UGV
敵上陸部隊
偵察UAV
哨戒監視USV
敵艦隊
機雷捜索・掃海用UUV
敵潜水艦
哨戒監視UUV

無人アセットは運用される場所・環境で4つに分類される。 現用および計画中の無人アセットから、代表的なものをイラストにした。
- ●UGV:Unmanned Ground Vehicle、無人地上車両
- ●UUV:unmanned undersea vehicle、無人水中航走体
- ●USV:Unmanned Surface Vehicle、無人水上航走体
- ●UAV:Unmanned Aerial Vehicle、無人航空機

※2:DASHは1960～70年代に運用されていた対潜水艦攻撃用の小型回転翼機。「Drone Anti-Submarine Helicopter」の略。すでに退役している。

（1）無人アセットの種類

■運用環境による四つの分類

ひとえに無人アセットと言っても、形態・用途により様々なものがあるため、最初に無人アセットの種類を説明したい。基本的に運用される場所・環境で次の四つに分けられる（なお、以下に紹介する四つの無人アセットについて、異なる表現やサブタイプを表す用語も存在するが、本稿では以下の表記で記述していく）。

●ＵＧＶ（Unmanned Ground Vehicle：無人地上車両）

地上を行動する無人アセット。タイヤや履帯（無限軌道）を装備した車両型や、脚を持ち歩行するロボット型の無人アセットがＵＧＶと呼ばれる。多くは無線誘導されるものだが、輸送用ＵＧＶではコースを自動で選択するなど自律機能も必要とされる。

●ＵＵＶ（Unmanned Undersea Vehicle：無人水中航走体）

潜水艦のように水中を行動する無人アセット。機雷掃討のためには以前から使用されていた。水中では誘導信号を伝えることが難しく、従来のＵＵＶは有線誘導が基本だったが、ＡＩの発達により自律機能を持つＵＵＶが出現しつつある。

●ＵＳＶ（Unmanned Surface Vehicle：無人水上航走体）

小型ボート状の無人アセット。世界的な趨勢としては港湾の監視や機雷掃海に用いられるほか、機雷掃討用ＵＵＶを中継管制するＵＳＶが増える見込みである。また、ウクライナ戦争では自爆型ＵＳＶも使用されており、そのコストパフォーマンスの高さから増加する可能性もある。

UAV——用途による分類

無人アセットのなかでもUAVは、サイズや機能、用途が多岐に渡る。ここでは用途を基準として分類した。なお、イラストは代表的機種を、サイズの違いがわかるよう実際の全長比そのままに描いた。

①偵察・監視用

1-1. 戦略偵察用途（大型・高高度）

数千〜1万km以上の航続距離、数十時間の滞空時間を有して長距離の偵察飛行を行うもの。

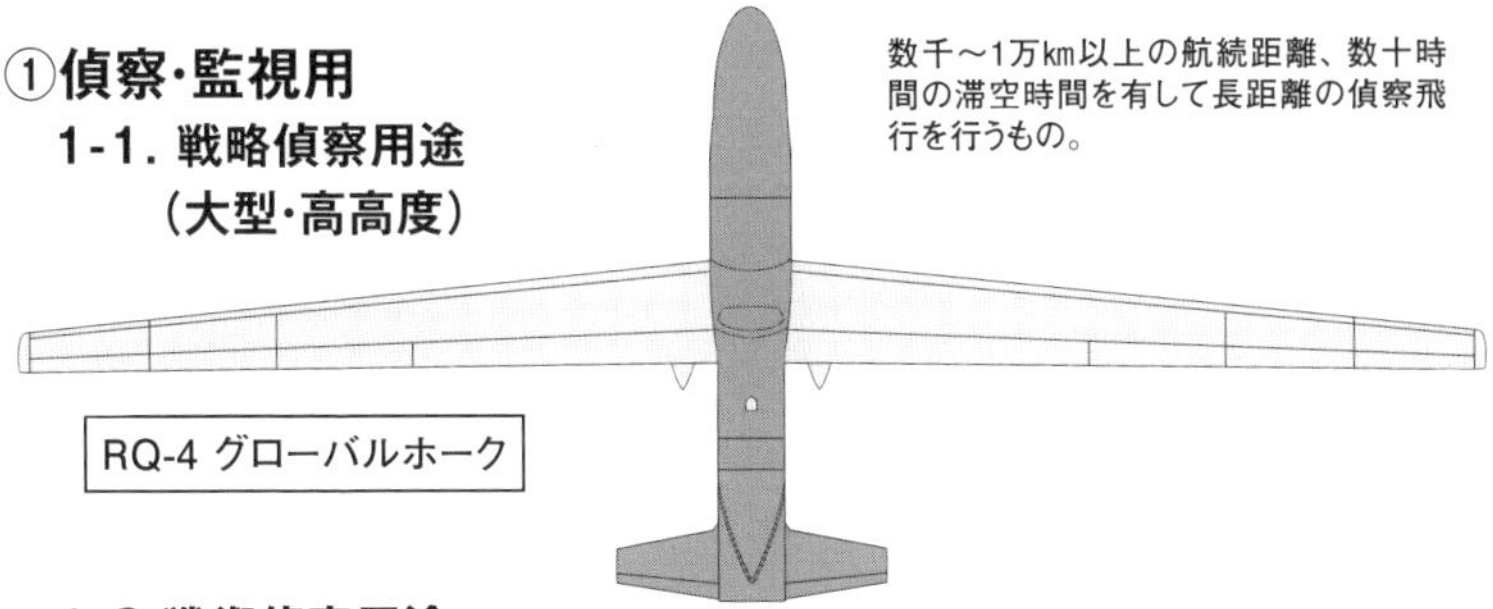

RQ-4 グローバルホーク

1-2.戦術偵察用途（中〜小型・中〜低高度）

あつかう部隊の規模によって、航続距離数千kmのものから10km程度のものまで大小さまざま。最前線の末端部隊では、民生品（いわゆるホビードローン）を、この用途に使用している。

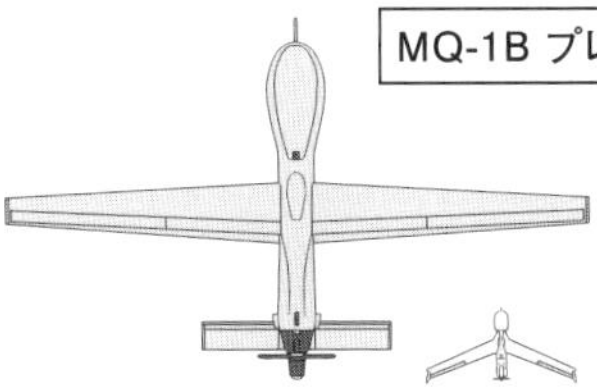

MQ-1B プレデター

スキャンイーグル2

②UCAV（無人戦闘攻撃機）

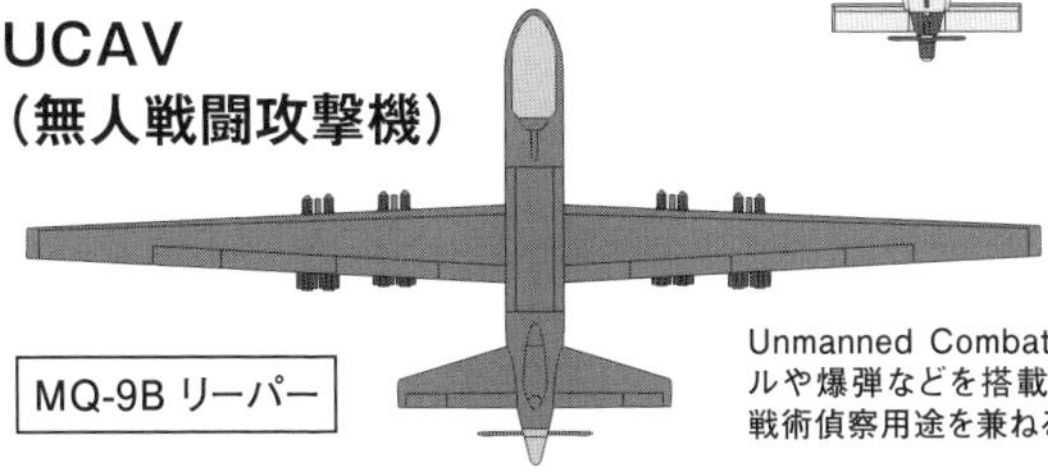

MQ-9B リーパー

Unmanned Combat Air Vehicleの略。ミサイルや爆弾などを搭載し、攻撃能力を持つUAV。戦術偵察用途を兼ねる機種が多い。

スイッチブレード300を発射するアメリカ兵。小型の自爆ドローンであり、携行可能な筒状ランチャーから発射される（写真:アメリカ海兵隊）

③自爆ドローン

UAVそのものが「弾」となって敵の車両や施設、陣地などに体当たり攻撃を行うもの。左の写真はアメリカ軍が使用する「スイッチブレード」。

④戦闘支援（将来）

戦闘機などに随伴し、偵察や情報収集、電子戦、攻撃などの能力により戦闘機を支援するUAV。現在、各国で開発が進んでいる。詳しくは118ページにて解説する。

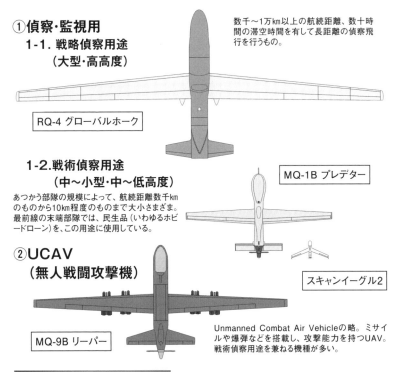

●ＵＡＶ（Unmanned Aerial Vehicle：無人航空機）
飛行型の無人アセット。サイズの大小、固定翼か回転翼か（ローター数の違い）、無線誘導か自律式か、など様々な形態のものがあり、使用される目的も多岐にわたる。

近年急激に発達したため、「無人アセット＝ＵＡＶ」というイメージを持たれていることもあるほどだ。また、「ドローン」という言葉も、ＵＡＶと同義に用いられている例が多い（一方で、ＵＵＶを「水中ドローン」と呼ぶことがあるように、ドローンはむしろ無人アセット全体の意味で用いられているとも言える）。

（２）無人アセット導入による「省人化」

■無人アセットが重視される理由

無人アセット防衛能力が重視される背景には、中国の急速な無人アセット導入など、周辺国の動向や軍事力整備のトレンドが影響している。しかし、最大の理由は日本の若年人口が減少したことにより、隊員確保が困難となっていることにある。「省人化」及び「無人化」は、三文書全体に通じるキーワードだ。

更に言うと、この人的資源の逼迫は、精神的な影響も含め、その損耗が継戦能力に大きく影響する。そのため、損耗の局限、つまり死傷率を低く抑えることが重要となり、無人アセット防衛能力が重視されている。

また、急激な軍拡を続ける中国軍と対峙するにあたって数的な劣勢が予想されるため、無人アセットによって補うという側面もある。ただし、これには防衛費が増額されたとしても「有人アセットの

なぜ無人アセットが必要なのか？

①人が足りない
定数は4人なのに
3人しか埋まらない…
若年人口の減少により隊員確保が困難となっており、自衛隊は慢性的な人員不足に悩んでいる。
偵察・攻撃UAV
ぶ――ん
輸送支援UAV
無人アセットに、人間がやってきた役割の一部を任せよう！
従来の機能の「省人化・無人化」は三文書全体に通じるテーマとなっている。

②非対称な優勢を得る
数に勝る中国軍と対峙するため、同じ戦力同士（艦艇vs艦艇や戦車vs戦車など）で戦うのではなく、異なる手段で優勢を得る戦いを三文書は目指している。安価・単能な無人アセットで、高価・高性能な兵器（艦船、戦闘機、戦車など）を攻撃するのも、その一つ。
ぎゃっ！
……

源の逼迫に行き着いてしまう。

乗員は容易に養成できない」という事情から来る側面も大きい。やはり根源的原因を探ると、人的資源の逼迫に行き着いてしまう。

人的資源以外の理由としては、無人アセットがゲーム・チェンジャーとなる可能性も考慮されている。国家防衛戦略には『無人アセットをＡＩや有人装備と組み合わせることにより、部隊の構造や戦い方を根本的に一変させるゲーム・チェンジャーとなり得ることから、空中・水上・水中等での非対称的な優勢［※3］を獲得することが可能である』と記されている。

ただし、この方針は先進的な研究開発を伴うものであり、将来を見据えた投資的事業だ。次に三文書が更新されるまでの間に戦力化できるものは一部に留まるだろう。

■整備スケジュールとスクラップ＆ビルド

無人アセット防衛能力の整備スケジュールのうち、短期的、つまり研究開発要素が少なく五年後の二〇二七年度までに装備化を目指す予定となっているものは、ほぼ省人化が目的だと言って良いだろう。それ以降に装備化を目指すものについては、数的劣勢の挽回やゲーム・チェンジャーとしての戦力強化も視野に入っている。

また省人化が目的である装備については、既存部隊の改廃にも直結する。この点は、スタンドオフ防衛能力、統合防空ミサイル防衛能力などとは異なる。これらの能力は、これまで自衛隊が保有していない能力の獲得を目指したものだが、省人化を目的とした無人アセット防衛能力に関しては、有人アセットを無人アセットに置き換えることになる。そのため、有人アセットの廃止や削減が発生する。攻撃ヘリの全廃（陸自）やＰ－１哨戒機の調達数削減（海自）が予定されている。

※3：元来の「非対称的」とは、空母に対して潜水艦で対処する等、"相性"の良い別種の戦力で対処することだったが、高価かつハイスペックな敵の兵器（航空機・艦船・潜水艦）に、安価で限られた能力しか持たない無人アセットを投入する戦い方も含まれるようになった。物的・人的に中国軍より劣勢な自衛隊は、このような戦い方により優勢を得ようと考えている。

陸上自衛隊では無人アセット(UAV)の導入にともない、攻撃ヘリ(AH-64D、AH-1S)を全廃する。これは省人化という目的もあるだろうが、これら攻撃ヘリの更新が、調達コスト等の問題から手詰まりに陥っていたことも関係しているだろう。写真はAH-64D(写真:武若雅哉)

OH-1観測ヘリも全廃となる。同機は国産の観測ヘリとして当初は大きな期待を受けたが、調達コストの高さから生産数が少なく、またリアルタイムの情報共有ができないなど、能力面の問題もあった(写真:武若雅哉)

2 陸上自衛隊における無人アセット

■もっとも多様な無人アセットを導入

これ以降は、陸海空自衛隊が、それぞれどのような無人アセットを導入し、どのような防衛能力を獲得しようとしているのか見てみたい。まず、陸自だが、最も多岐にわたる無人アセットを導入する可能性がある。これは陸海空自衛隊の中で、陸自が最も人的資源を必要とする組織であることに関係している。

①多用途無人機

無人アセットが主要な装備となる部隊として、多用途無人航空機部隊が新編予定だ。偵察だけでなく攻撃機能を備えたＵＡＶを装備する予定で、既に二〇二三年度予算に実証を行うための試験的な機体導入が盛り込まれている。米国の「ＭＱ－９リーパー」や、実証試験に使用されるウクライナで多用され話題になったトルコ製「バイラクタルＴＢ２」、イスラエル製「ヘロンMk.２」が候補となっているが、この三者だけでも性能及び価格の開きは大きく、本書執筆時点では最終的に選択される機体の予想は付かない。

ウクライナ戦争におけるＴＢ２は、二〇二二年中は活躍が報じられたものの、二〇二三年に入るとほとんど情報がなくなった。やはり筆者を含む識者が予想していたとおり、現代的な防空システムが存在する戦場では、こうした機体の生残性は必ずしも充分ではないためだ。

　しかしながら、効果的であったのも事実であり、生残性の高いハイエンドなものを装備するべきなのか、撃墜されることを織り込んだ上でローコストなものを選択すべきなのかは、一概に言えない。試験導入した機体に対して、防空システムでの対処可能性なども実証した上で選択されると思われる。上記三機種以外が採用される可能性もあるだろう。

②自爆ドローン

　攻撃能力を持つ無人アセットとして「小型攻撃型UAV」、いわゆる自爆ドローンが導入される見込みだ。これも二〇二三年度で試験導入した上で採用機種が検討される。

　現代兵器の試験場と化しているウクライナでは、供与された米国製「スイッチブレード」よりも、市販クアッドコプター型UAVに対戦車ロケット弾の弾頭部を取り付けた急造自爆ドローンの方が活躍している状況にある。弾頭サイズは同程度であるため耐妨害性など兵器として

陸上自衛隊は2000年代より、FFOS（遠隔操縦観測システム）と、その改良型FFRS（無人機偵察システム）という無人偵察機を特科の観測や偵察用として運用している（写真はFFRS）。複数の支援車両を含めて構成される大掛かりなシステムで、現在の簡易・小型のUAVとは比べるべくもない（写真：鈴崎利治）

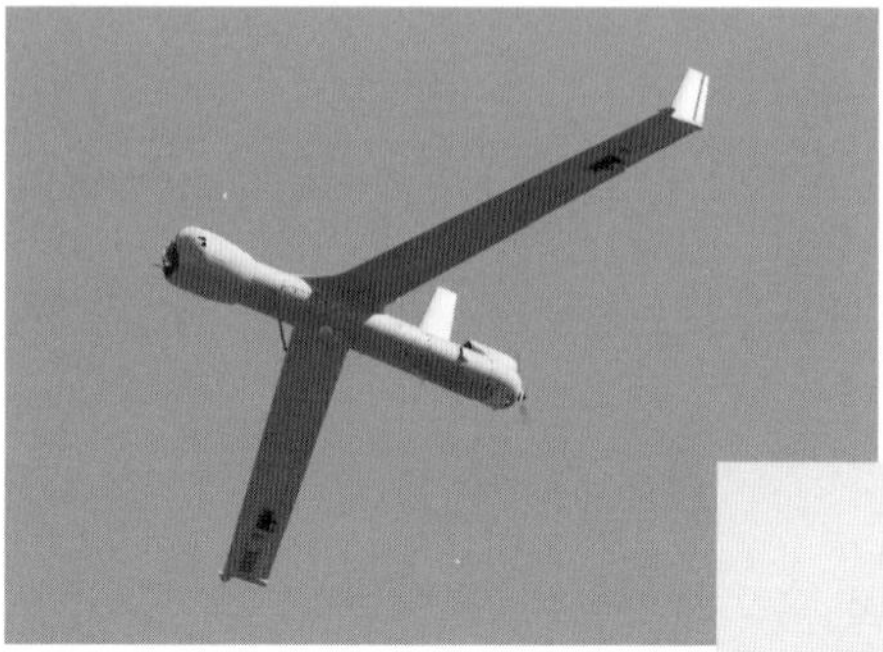

現在、「UAV（中域用）」として陸上自衛隊が運用する「スキャンイーグル2」。一部の師団・旅団の情報隊に配備されている（写真：鈴崎利治）

「UAV（狭域用）」として陸上自衛隊が運用する「スカイレンジャー」。即応機動連隊や普通科連隊に配備が進められている。機体下部のカメラを取り外して、2kg程度の物資を吊り下げることもできる（写真：鈴崎利治）

偵察・攻撃に用いる多用途無人機として、陸上自衛隊が候補の一つに考えていると言われる「MQ-9 リーパー」。アメリカ製で、イラク・アフガニスタンの対テロ戦争では戦果を挙げている。このほかにウクライナ戦争などで注目されたトルコ製の「バイラクタルTB2」やイスラエル製「ヘロンMk.2」の名が挙がっている
（写真：アメリカ空軍）

要求される性能が低くとも着弾時の威力には変わりがなく、こうした急造自爆ドローンでも、命中さえすれば変わらない被害を与えることができる。結果として、とにかく安価で数を揃えられる急造兵器の方が活躍している。このため、陸自が本格的に採用する自爆ドローンがどんなものになるのか見通すことは困難だ。

攻撃能力を持つＵＡＶは以上の二つとなる見込みで、これにより、全廃が予定されている戦闘ヘリと観測ヘリの機能を代替＋αすることになる。

③その他

この他にも「（狭域用）汎用型」とされる偵察用ＵＡＶも導入される見込みになっている。三文書中では防災用途として記載されているが、当然戦闘のための偵察用途にも使用されるうえ、二〇二三年度予算での取得に関しては『火力支援』との記載があるため、既存の遠隔操縦観測システムＦＦＯＳ／ＦＦＲＳのように着弾観測も行なうだろう。また、駐屯地警備用などの目的で小型ＵＡＶおよびＵＧＶも導入される見込みだ。

総じて、陸自への導入が予想される無人アセットは小型のものが多く、これらは近年の発展が顕著であるため、本書執筆時点で予定されている事項が、数年後には大きく変わっている可能性がある。

なお、二〇二四年度概算要求では「無人水陸両用車」の開発が盛り込まれているが、これは三菱が独自開発を進めている水陸両用装甲車両に自動運転機能を付ける話だと思われ、「無人アセット」とは少々異なる。予算の項目として無人アセット防衛能力に入れられているのは、単に予算を取りやすくするための方便だろう。

3 海上自衛隊における無人アセット

■人員確保に苦労する海上自衛隊

海自は、章の冒頭で書いた四種の無人アセット（UGV、UUV、USV、UAV）全てを導入することになるだろう。また、種類は陸自に及ばないものの、費用面では陸海空の中で最も多額の予算が投入される可能性が高くなっている。これは、人材確保に苦労する艦艇勤務の要員を削減できる可能性があるためだ。

①水中優勢獲得のためのUUV

最も注目すべき海自の無人アセットは、国家防衛戦略の無人アセット防衛能力の項で『特に、水中優勢を獲得・維持するための無人潜水艇（UUV）の早期装備化を進める』と特記されたUUVだ。これはかなりの開発要素を伴うものであり、最終的にどのような姿となるのか本章執筆時点で見定めることはできない。それでも、防衛省がなぜこれを目指し、何を実現しようとしているのかは明らかだ。

防衛力整備計画の防衛生産・技術基盤の強化の項に『防衛装備品の無人化・省人化を推進するため、既存の装備体系・人員配置を見直しつつ、無人水中航走体（UUV）等に係る技術を獲得する』と記されており、このUUVの必要性は、やはり人的資源の逼迫にあることが記されている。このUUVが実現しようとしているものを端的に言えば、既存の有人潜水艦が平時から行っている一部の任務、機能を代替することなのだ。

　海上自衛隊は平時から、有事において有利に戦うために必須となる情報収集活動を担っており、特に潜水艦の活動は、その要素が強い。


　潜水艦による情報収集活動とは、どのようなものか？　冷戦時、アメリカの潜水艦は、ロシアの潜水艦基地周辺に潜み、出港する潜水艦の後を追っていた。いったん外洋に出られてしまうと、潜水艦の発見が困難だったためだ。現代では、当時以上に潜水艦の静粛性が向上しており、潜水艦の動向監視は困難の度を深めている。

　中国の原子力潜水艦の静粛性は、まだアメリカに追い着いていないが、能力向上は継続されており、警戒は困難になりつつある。また、ロシアから輸入された改キロ型や国産の039A／B型など通常動力潜水艦の静粛性は極めて高く、バッテリーによるモーター航走中はパッシブソナー［※4］での発見が事実上不可能なレベルに達している。改キロ級をパッシブソナーで捉えることができる距離は五〇〇メートルと言われており、これら通常動力潜水艦を監視するためには、冷戦時のアメリカ艦と同様に出港直後から追跡するか、バッテリーを充電するためにディーゼル機関を作動させているときに発見するしかない。

　また、艦艇やソノブイ等を使用する哨戒機が、アクティブソナーを用いて捜索することは不可能ではないが、アクティブソナーによって潜水艦を探知する以上に、潜水艦がアクティブソナーのソナー音を感知する方が容易なため、潜水艦は対策を取りつつ行動することが可能だ。潜水艦の近傍に偶然ソノブイを投下できた場合を除けば、アクティブソナーでの捜索も困難と言える。現代ではアクティブソナーは捜索というよりも、潜水艦の接近阻害ツールになっている［※5］。

※4:パッシブ(受動的)の名の通り、敵艦船の発する音を捉えることで、位置や方位を測定するもの。
※5:かつては、航空機から投下されるソノブイのパッシブソナーで、潜水艦を発見することが可能だった。それ故、海自は101機にも及ぶP-3を整備したが、発見が困難になったこともあり、「対潜哨戒機」の名称が「哨戒機」に改められている。

このような状況であるため、敵潜水艦の探知と動向監視の任務は、潜水艦部隊に集中することになるが、アメリカの潜水艦は減少しており、ロシアに加えて中国や北朝鮮の潜水艦まで、監視することは不可能だ。いきおい、海自の潜水艦がこれを担うことになっている（近年、海自は潜水艦部隊を増勢しているが、それはアメリカからの要請によるところが大きい）。

問題は、この活動が非常に多くの人的資源を必要とすることにある。監視を行う潜水艦は、対象国の港湾近辺やディーゼル機関を作動させる海域で、何日も音を出さず、ひたすら待ち続けなければならない。潜水艦の速度が高くないため、そうした海域に進出・帰投する日数もあわせれば、長期間におよぶことは言うまでもない。

この任務をＵＵＶで代替することができれば、人的資源の節約となり、また有人潜水艦は自らの能力を高める訓練にも充分な時間を割くことができるようになる。さらに、有事を考えたとき、こうした活動は危険度の高いものになるが、ＵＵＶを使うことで有人潜水艦が被害を受ける可能性を低くすることができ、ＵＵＶが発見した目標を遠距離から安全に攻撃することも可能になる。

しかしながら、ＵＡＶが有人偵察機の機能代替を進めていることと比較し、このＵＵＶによる警戒監視機能代替は格段に難しく、代替は進んでいない。最大の理由はＵＵＶの管制にある。水中では無線通信が通らないためだ。

ＵＵＶが警戒監視を代替するためには、常時管制することができないため、ＵＵＶに高い自律航行機能が必要になる。その自律機能は、身を潜めながら海水温や塩分濃度、海流などに応じて適切な位置・深度を保つ能力が求められるだけでなく、浅深度では民間船舶との衝突を回避できるものでなけ

UUV／USV導入の背景

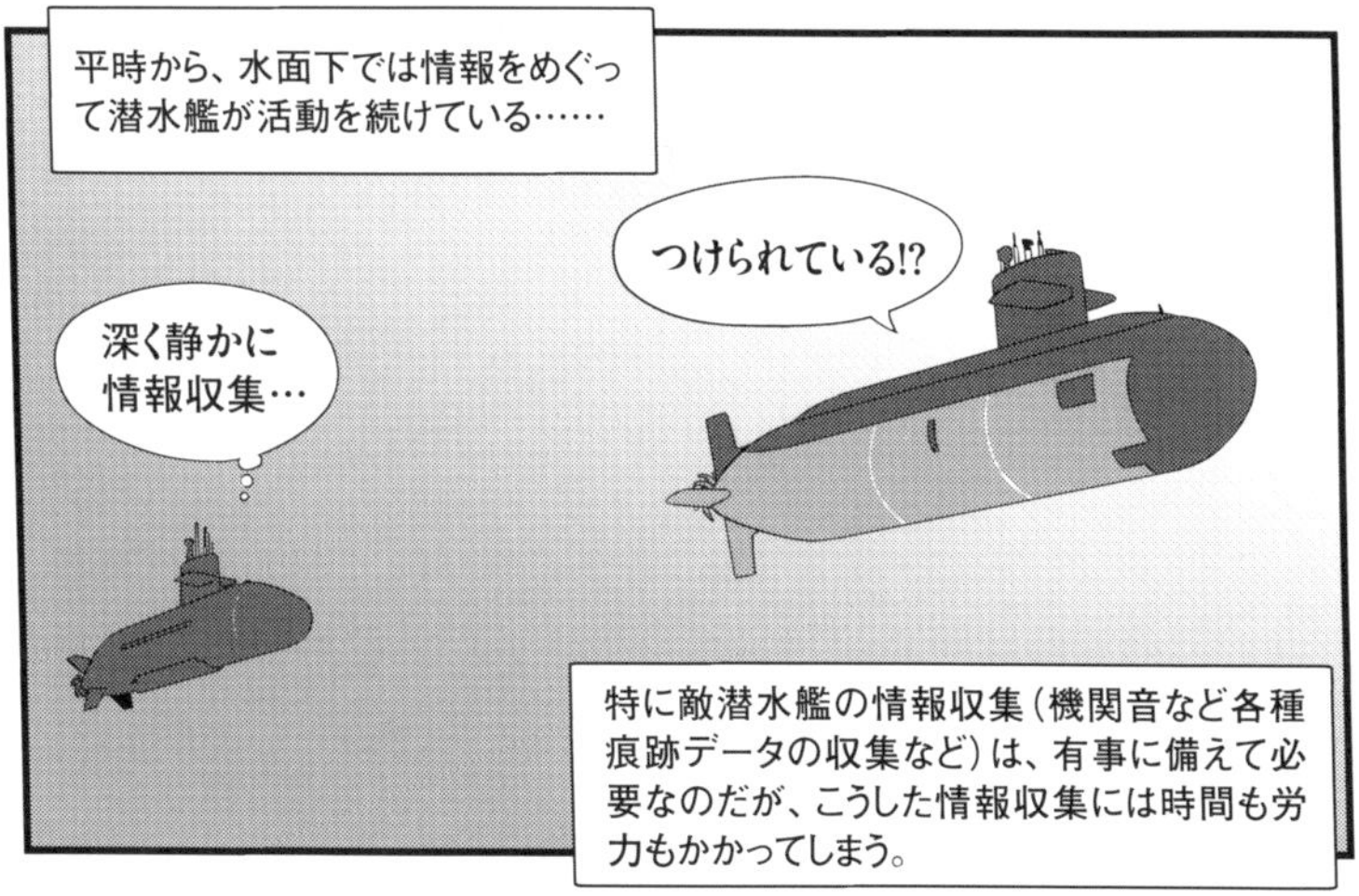

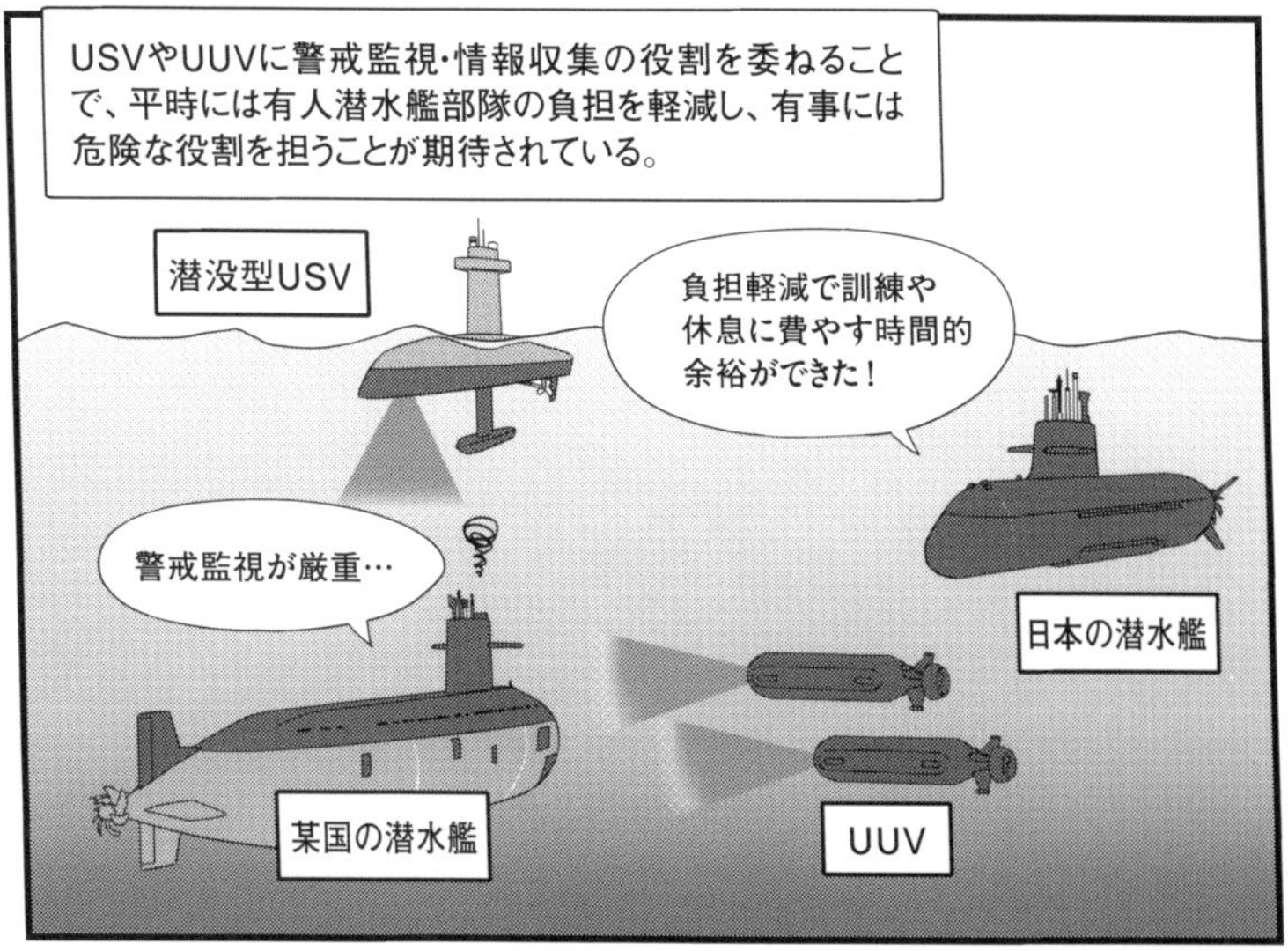

ればならない。

また、漁網も問題となる。有人潜水艦であれば、たいていは潜水艦が漁船よりも大きいため、もし網にかかった場合にも、通常は漁船側が網を放棄する。しかし、UUVは鹵獲されてしまうだろう。しかも、通信ができないため、トロール漁の網にかかった場合などは、相手国がシラを切った場合、鹵獲されたのか故障や事故で行方不明になったのか、判断することさえできない可能性がある。このような任務に用いられるUUVは、秘密保全の必要性が極めて高いため、鹵獲されることは絶対に避けなければならない。

防衛省は、衛星情報や船舶自動識別装置（AIS）によって得られた漁船の情報をもとに、AIによってトロール漁や巻き網漁が行われる危険海域を予想し、UUVがそれを避けて監視を続けられるようにするシステムの開発を目指している。

上記のような技術は、警戒監視を行うUUVに必要な最低限の能力だが、防衛装備庁が発表した資料を確認すると、将来的にはより攻撃的な能力を得ることも視野に入れられている。一〇年程度で、攻撃的UUVを実現することは困難だろうが、防衛力整備計画には関連する研究開発が盛り込まれている。

管制能力を持った「親」UUVが、「子」UUVを管制するというものだ。具体的には、親機が浅海面に留まって有人水上艦等との通信を担い、潜航する子機に短距離の水中音響通信により指令を伝えて活動させる。水中でのスウォーム（群れ）攻撃を念頭に置いたもので、防衛省が水中優勢獲得のためUUVに並々ならぬ意欲を持っていることがわかる。

しかし、UUVの発展が著しいため、こうした研究開発を伴う装備については、予定ではなく「構

UUVの技術的課題

水中は無線通信が通らないため、遠隔操作ができない。そのためUUVには自律航行機能が必要だ。
しかし…、空と違い、海中は複雑だ。敵の探知から隠れるため、海中の状況を理解し、適切な深度・位置を保たねばならない
海水温や塩分濃度の差など、さまざまな条件により変化する音波伝搬の複雑さ
海流で流される
複雑な海底地形
浅深度では民間船舶との衝突にも注意が必要であり、小型のUUVは漁網に捕らわれる可能性もある。
開発に向けた技術的な課題は多い。

想」程度に認識していたほうがいい。二〇二三年度は、海洋観測用ＵＵＶが試験導入されることになっているが、そうした装備の運用成果や、防衛装備庁による研究開発の結果を踏まえ、実現可能なものから装備化されると思われる。

②もがみ型護衛艦が運用するＵＳＶ、ＵＵＶ

もがみ型護衛艦（ＦＦＭ）は多機能艦として導入されているが、「Ｍ」の文字が機雷（Mine）戦を担うことから付けられたように、同艦は機雷掃海・掃討［※6］能力を期待されている。しかしながら、磁気機雷による被害を防ぐため木製やＦＲＰ製の船体を持つ専用の掃海艦艇と異なり、もがみ型は鋼製だ。そこで、機雷の危険海域ではＵＳＶ、ＵＵＶを使用し、掃海・掃討を行うこととなっている。

機雷掃海・掃討では、以前からＵＵＶが使用されているが、もがみ型でも機雷掃討を行う新型のＵＵＶとして自律性能の高い国産の「ＯＺＺ－５」を運用し、ＵＳＶがＯＺＺ－５との通信を中継することになっている（海上のＵＳＶが、水中のＯＺＺ－５に音響などで通信を行う）。また、このＵＳＶ自体も機雷掃海を実施する［※7］。

④洋上監視用滞空型ＵＡＶ

海自は、洋上監視用の滞空型ＵＡＶとしてＭＱ－９Ｂ「シーガーディアン」の試験運用を始めており、海保も同機の運用を開始している。そのため、余程のことがない限りＭＱ－９Ｂが採用されると思われる。

こちらは、Ｐ－１／Ｐ－３哨戒機が平素から行っている洋上での警戒監視の一部を代替するもので、省人化のための措置だ。そのため、Ｐ－３の減勢に伴って調達される予定だったＰ－１の調達数が削

※6：広い面積を対象に専用の掃海用器具により機雷を無力化することを「掃海」、機雷の場所を明確にして、それを破壊することを「掃討」という。
※7：係維機雷（海底のアンカーからワイヤー等で繋がれ浮遊する機雷）の係維索（ワイヤー）を切断することで浮上させ、処分する。

もがみ型護衛艦(FFM)は、コンパクトな多機能艦として開発され、本文にもあるとおり、これまで掃海艦艇のみが有していた機雷処理能力も備えている。また、慢性的な艦艇乗員不足を踏まえて、省人化にも配慮されており、USVやUUVの搭載が予定されている。写真は2番艦「みくま」(写真:花井健朗)

国産の機雷処理UUV「OZZ-5」。高い自律性を有し、艦艇が直接入ることの難しい機雷の危険海域で、USVと連携して機雷の処理を行う(写真:松本晃孝)

2023年3月、「もがみ」にてUSVの運用試験が行われた。もがみ型は船体後部にUSVの収納スペースを備えている。上記のとおりUUVと連携して機雷の処理にあたる(写真:松本晃孝)

減され、代わって滞空型ＵＡＶが調達される。また、これらＵＡＶを運用するための、無人機部隊の新編も三文書に規定されている。

④戦闘支援型多目的ＵＳＶ

三文書では記述がなかったものの、二〇二三年八月に公表された令和６年度概算要求で「戦闘支援型多目的ＵＳＶ」なるものが盛り込まれた。二四五億円とかなりの金額をかけて研究を行うこととなっており、警戒監視や対艦ミサイル発射等の機能を選択的に搭載し、有人艦艇を支援するものを目指すようだ。概算要求資料に掲載されたイラストや用途から、ある程度の潜水も可能な大型ＵＳＶとなりそうだ。

なぜ、概算要求で新たに登場したのか？　三文書は、策定後のある程度の期間における防衛力整備を規定するものであるため、三文書の閣議決定から半年程度で、整合性の取れていないものが概算要求に盛り込まれることは、本来あってはならないことだが、その理由を推し量る

海上自衛隊が2023年に試験的に導入したMQ-9B「シーガーディアン」。2022年に、海上保安庁が同機を配備しており、写真の機体は海自と海保の共用機となっている（写真:鈴崎利治）

に足る充分な情報は、本書執筆段階では公開されていない。

ただし、関連事業として概算要求には「ＵＳＶ（供試器材）の試験的運用（１６０億円）」という項目が盛り込まれており、戦闘支援型多目的ＵＳＶと密接に関係していることが伺える。こちらの供試器材として、フランス製「ＤｒｉＸ」（ドリックス）ＵＳＶがすでに日本に搬入されているもようであり、本機の試験運用の結果を踏まえて戦闘支援型多目的ＵＳＶが研究されることになりそうだ。

これは筆者の想像だが、水中優勢確保のためのＵＵＶが、あまりにも先進的、意欲的で、実現するとしてもかなりの時間がかかることは確実であるため、この戦闘支援型多目的ＵＳＶの研究する方針としたのではないだろうか。両者は、将来的に統合される可能性も考えられる。

⑤その他

陸自の解説で言及した駐屯地警備用ＵＡＶ、ＵＧＶと同一のものが導入される可能性が高い。また、洋上の艦艇に迅速な補給を行うため輸送用ＵＡＶが装備される可能性もある。

なお、令和６年度概算要求に「無人水上飛行艇」活用の検討が盛り込まれた。日本国内に飛行艇型ドローンを開発する企業があり、検討の対象となると思われるが、防衛用途を考えるなら外洋での離着水性能が課題となるだろう。


令和6年度概算要求で突如あらわれた「戦闘支援型多目的USV」。公開された防衛省の資料にはイメージ画像が添えられていたが、その形状から半潜水式であることが予想される（画像は防衛省資料より）

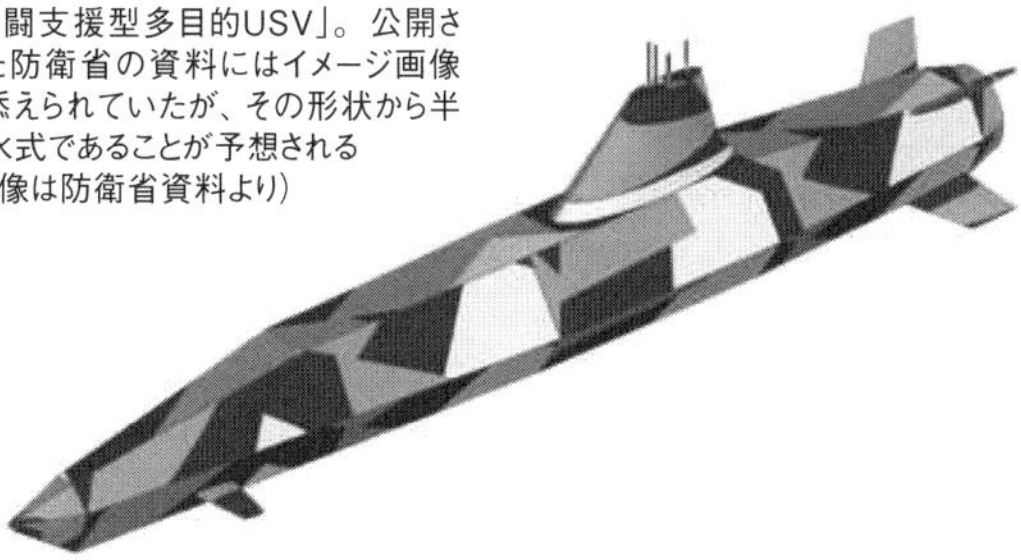

4 航空自衛隊における無人アセット

■将来装備に向けた無人アセット活用の可能性

空自は、既にアメリカ製の長距離偵察用UAV「グローバルホーク」を導入しているものの、今後の一〇年程度は陸海自衛隊ほどの無人アセットを用いる見込みはなさそうだ。しかしながら、将来の装備化のため、無人アセットに関する空自向け研究開発は多く、いずれは多数の無人アセットを運用する可能性がある。

①戦闘支援無人機（UAV）

F－2戦闘機の後継となる次期戦闘機の開発配備に付随して、次期戦闘機の戦力を強化するための戦闘支援UAVの検討・開発が予定されている。

次期戦闘機は、イギリスやイタリアと共同開発することが決定されているが、これはイギリスが「ユーロファイター」の後継として開発を進めていた「テンペスト」と、日本の次期戦闘機を事実上一本化するものだ。テンペストには、同機と連携して戦闘を支援するUAVがセットで検討されていたため、防衛省としても戦闘支援UAVの導入検討を始めることになったと言える。

共同開発決定を時系列的に見ると、この通りなのだが、戦闘支援UAVがセットであったからこそ、日本はイギリスとの共同開発に舵を切ったと見ることもできる。三文書は対中国での量的劣勢を非常に危惧しており、戦闘支援UAVを用いることで量的強化を図ることが防衛省の目論見なのだ。

戦闘支援UAV

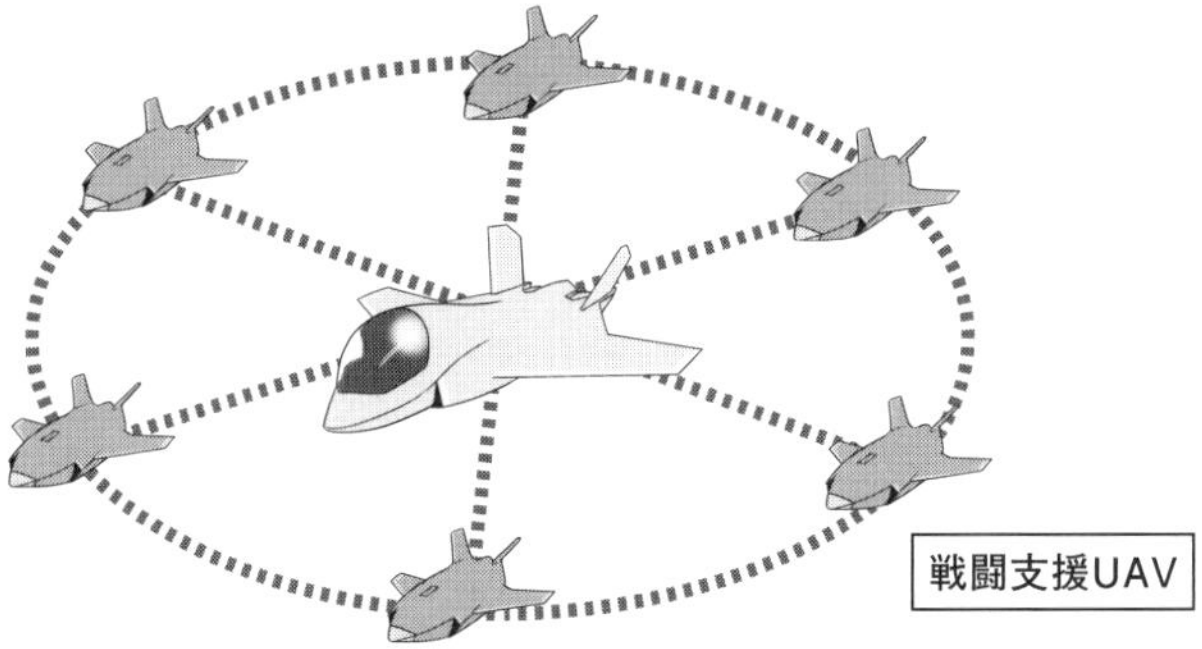
戦闘支援UAV

現在、日英伊で共同開発中の次期戦闘機では、戦闘を支援するUAVの運用が検討されている。
これら戦闘支援UAVはAIにより自律的に戦闘を支援するものになると予想されている。

◆危険な役割をUAVに

戦闘支援UAVは、偵察から攻撃までさまざまな役割が期待されているが、特に高リスクな行動を任せることで、有人戦闘機の生存率を高めることが期待されている。

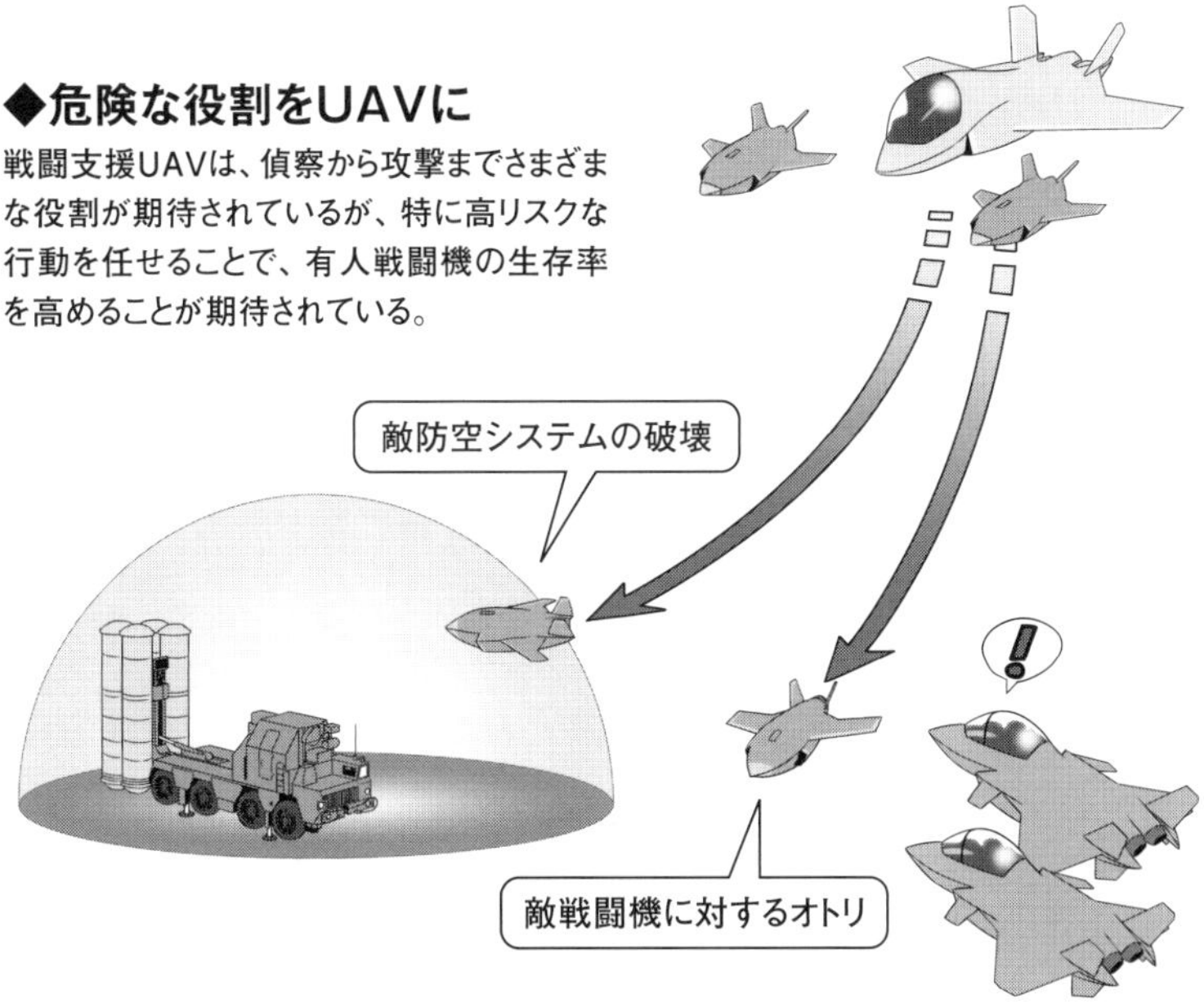
敵防空システムの破壊
敵戦闘機に対するオトリ

ただし、この戦闘支援ＵＡＶが、この世に生まれ出るか否かは現時点では不透明で、防衛力整備計画では二〇二七年度までに検討を行うことになっている。検討の結果、開発自体が取りやめになる可能性も残っている。

このような状況であるため、この戦闘支援ＵＡＶがどのようなものになるかは、当然不透明なのだが、実現すればすでに開発が先行しているボーイング・オーストラリアのＭＱ－28「ゴーストバット」（「ロイヤル・ウィングマン」として知られる）のように、有人戦闘機に随伴し、ＡＩによって自律的に戦闘を支援するものになるだろう。

ＭＱ－28は、僚機をともなう編隊と同様の状態を、パイロット一人でコントロールすることを目指しており、省人化になるだけでなく、現在の標準的な二機および四機編隊での戦闘を超える多数機編隊での戦闘を行える可能性がある。また、これにより戦闘における高リスクな行動をＵＡＶに任せることで、パイロットが死傷する可能性を下げることが期待されている。

②戦術偵察ＵＡＶ

すでに導入されているグローバルホークは航空総隊直下の「偵察航空隊」が運用している。航空自衛隊には、かつて有人のＲＦ－４偵察機を運用する同名の部隊が存在していたが、二〇二〇年に解体されている。現在の偵察航空隊は、二〇二二年に新設された部隊で、同名ではあるものの、役割を含めて完全に別の部隊だ。

ＲＦ－４は、攻撃に先立って目標選定（ターゲッティング）を行うなど、「戦術偵察」を担う部隊だった。しかし、グローバルホークの導入により、自衛隊は「戦略偵察」能力を獲得したものの、戦術偵察能力を失ってしまった。これは、スタンドオフ防衛能力を実現する上で欠かせない「情報収集・

警戒監視・偵察・ターゲティング（ＩＳＲＴ：Intelligence,Surveillance,Reconnaissance and Targeting）」のうち、偵察とターゲッティングの能力が大きく減少したことになる。

グローバルホークの導入は政治家主導で行われた。戦略偵察と戦術偵察の違いを理解しないがゆえのゴリ押しだったが、これにより自衛隊のＩＳＲＴ能力が歪なものになってしまった。これを是正するため、防衛力整備計画に『スタンド・オフ・ミサイルの運用能力を向上させるため、相手の脅威圏内において目標情報を継続的に収集し得る無人機（ＵＡＶ）を導入する』と盛り込まれ、戦術偵察ＵＡＶの導入が決定している。

これも、現段階ではどのようなものが導入されるのかは定かではない。敵脅威圏内で生残性を確保するためには、高速・高機

現在、日本とイギリス、イタリアの三カ国共同で次期戦闘機の共同開発が進められている。この戦闘機開発では同機を支援する戦闘支援UAVの導入が検討されている。2023年3月の防衛装備見本市の会場では機体の模型とあわえて、コンセプト映像が放映され、戦闘支援UAVも登場した（写真：綾部剛之）

動とするか、あるいは高いステルス性を持たせる必要がある。高速・高機動のものとしては、かつて二〇一一年度まで研究試作が行われた「無人機研究システム」があるが、研究実施後に配備に向けた動きはない。

三文書が閣議決定されたことにより、二〇二三年度予算に『偵察用UAV（戦術無人機）の実証研究を実施』することが盛り込まれた。無人機研究システムをアップデートする可能性があるほか、ステルス性の高い海外製を試験導入する可能性もあるだろう。

ただし「継続的に収集し得る無人機」との表現があることから、長時間滞空型のUAVが念頭にある可能性もある。滞空型であることと、相手の脅威圏内で活動を継続することは両立できないと思われるが、MQ－9リーパーの製造メーカーであるゼネラル・アトミクス社が同機に搭載しミサイルの誘導を阻害することで自機を防護す

「RQ-4 グローバルホーク」偵察機。航空自衛隊では航空総隊直轄の偵察航空隊に配備されている。同機は戦略偵察機であり、今後スタンド・オフ・ミサイルを運用するにあたって、戦術偵察能力のある戦術偵察UAVが導入される見込みだ（写真:鈴崎利治）

るポッド型外装物をアピールしており、こうした装備が採用される可能性もある。

なお、同様の役割を持つと思われるものに「目標観測弾」の存在がある（目標観測弾について、詳しくは第一章）。二〇二三年度予算で開発の着手が盛り込まれた。目標観測弾は、12式地対艦誘導弾能力向上型もしくは島嶼防衛用新対艦誘導弾をベースとして開発される見込みであり、帰還を前提としない「使い捨て」となる可能性が高い。

目標観測弾と戦術偵察ＵＡＶについて、両者の整合が取れていない可能性は低いが、目的と使用態様が近しいため、場合によっては戦術偵察ＵＡＶが中止となり、目標観測弾により戦術偵察を行う方向に変化する可能性も考えられる。

③その他

空自でも基地警備用ＵＡＶ、ＵＧＶが導入される可能性が高く、分屯基地などへ補用品を緊急に輸送するための輸送用ＵＡＶが装備される可能性もある。

■まとめ——習熟と継続した研究開発が求められる

防衛省が無人アセット防衛能力を強化するキーワードは〝省人化〟だ。同時に、人材確保が困難であることにも起因する量的劣勢を補うための措置でもある。戦術的には、水中優勢獲得のために有人潜水艦にUUVを当て、航空優勢獲得のために戦闘機にUAVをぶつける非対称戦術を実現するためのものでもある。

ただし、無人アセットの発展は著しく、今日の最新装備が明日には陳腐化する可能性さえある。直ぐにも導入できるものは輸入を含めた調達により能力強化を行い、それによって無人アセット運用に習熟を図りつつ、研究開発を通じてより高度な無人アセットを導入し、能力を高めて行くことになるだろう。

導入が計画・検討されている主な無人アセット

■陸上自衛隊	
多用途無人機（偵察・攻撃UAV）	偵察と攻撃。これらの導入に伴い、攻撃ヘリ・偵察ヘリは全廃される。
小型攻撃型UAV（自爆ドローン）	
■海上自衛隊	
水中優勢確保のためのUUV	平時には潜水艦部隊による警戒監視任務の負担を軽減し、有事には戦闘を支援し、非対称な優勢の獲得を目指す。
機雷掃海・掃討用USV、UUV	順次退役するFRP製掃海艦艇を代替。「もがみ」型FFMに搭載される。
洋上監視用滞空型UAV	減勢するP-1／P-3哨戒機部隊を補完。
戦闘支援型多目的USV	警戒監視、攻撃などの能力を持つ。水中優勢確保のためのUUVを補完する目的か?
■航空自衛隊	
戦闘支援UAV	次期戦闘機の戦闘支援。
戦術偵察UAV	敵の脅威圏内での目標情報の収集。かつてはRF-4が担っていた。スタンドオフ防衛能力には必須。

このほか陸海空自衛隊とも、基地警備用UAV、UGVの導入を予定している。

第4章

領域横断作戦能力

宇宙・サイバー・電磁波――「領域」をいかに連携させるのか

解説：井上孝司

1 領域横断作戦で「何をしたい」のか？

■領域横断作戦とは何か

三文書（国家防衛戦略）では「防衛力の抜本的強化に当たって重視する能力」として七分野を掲げた。そのうちの一つが「領域横断作戦」能力である。

ここでいう「領域」とは、物理的な領域のことではない。英語でいうところの「ドメイン（domain）」、日本語では「戦闘空間」と訳されることもある。つまり、陸・海・空といったなじみ深い戦闘空間と、第二次世界大戦のころから加わった「電子戦（電磁波領域）」、大戦後に加わった「宇宙」、そして近年になって加わった「サイバー空間」、といったあたりが対象となるのが一般的だ。

領域横断作戦の本来の趣旨は「多様化した複数の戦闘空間同士で相互に連携を図り、相乗効果を発揮させることで総合的に優位を実現する」ことにある。すると、そのための組織作り、システム、そして作戦指揮を受け持つ側の意識改革が不可欠だ。ところが筆者の見る限り、今回の三文書では「領域横断作戦」と言いつつも、個々の戦闘空間ごとの施策について列挙するに留まっている感がある。

真の意味での「領域横断」を実現するためには、「いま現在、どこで何が起きているか」という状況を把握する場面と、それに対処するため意思決定をして命令を下達し、作戦行動を発起する場面、この双方で特定の戦闘空間のみを対象とするのではなく、すべての戦闘空間を俯瞰できる仕組みを構築しなければならない。それ無くして領域横断も何もあったものではない。

もう一つ、近年の流行り言葉として「マルチドメイン作戦（MDO：Multi Domain Opera-

領域横断作戦とは

「領域」（domain、戦闘空間とも）とは、単なる物理的領域のことを指すわけではない。陸・海・空など旧来からの領域に加え、宇宙や電子戦（電磁波領域）、サイバーなども含まれる。

領域横断作戦とは、これら戦闘空間同士で相互に連携を図り、相乗効果を発揮することで総合的に優位を実現するもの。そして、このためには、すべての戦闘空間を俯瞰できる仕組みを構築しなければならない。

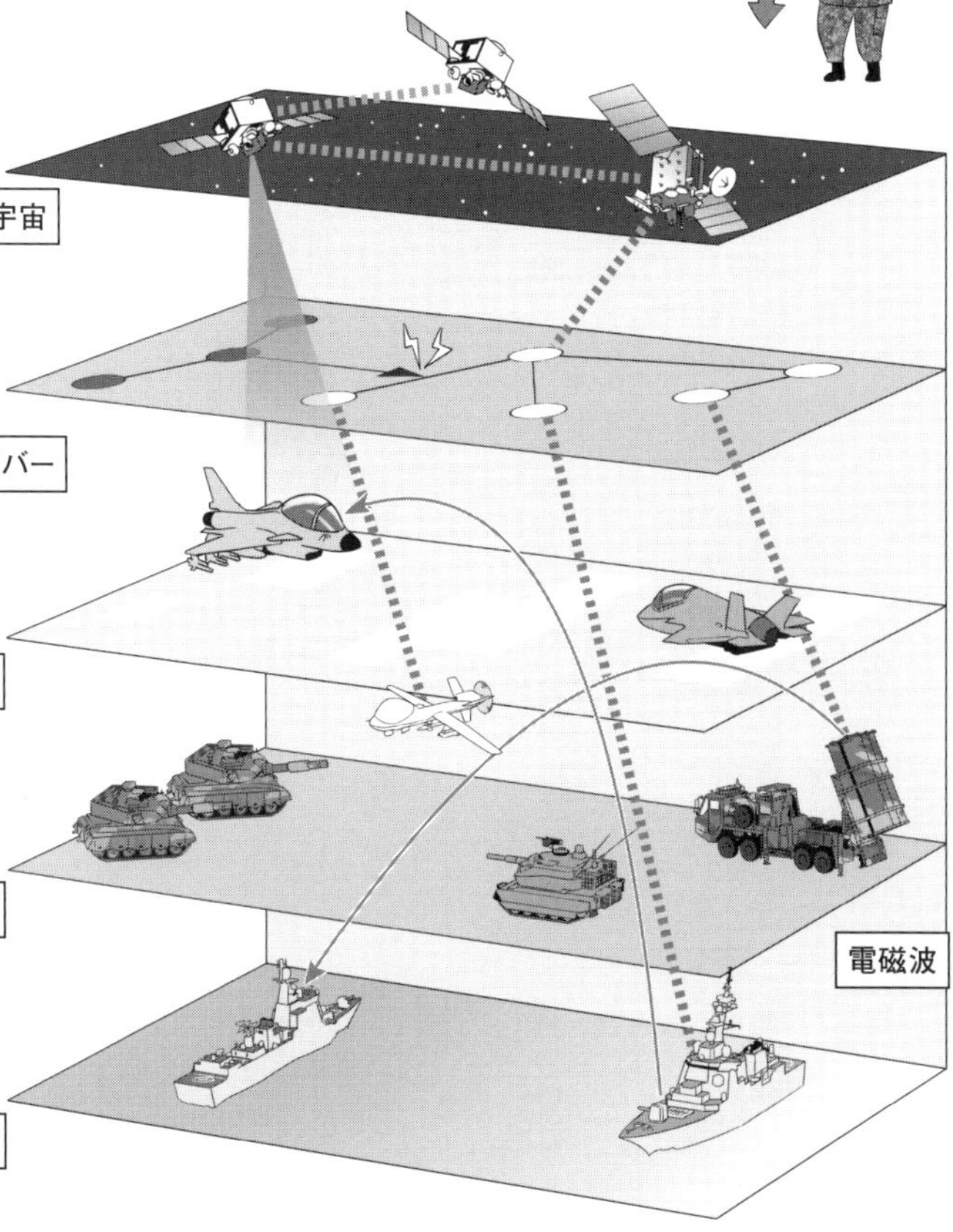

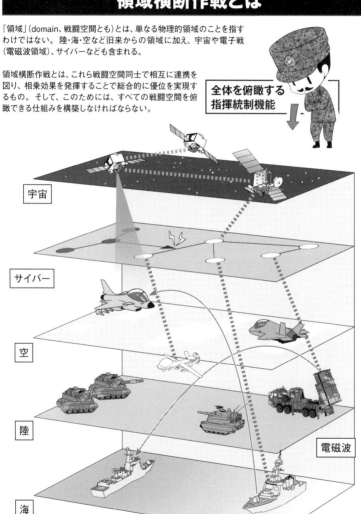

tions)」がある。アメリカ軍が創出し、三文書の「領域横断作戦」に影響を与えている概念だ。「ドメイン」の語が含まれていることでお分かりの通り、「複数の戦闘空間にまたがる～」という意味合いがある。単に「複数の戦闘空間がある」というものではない。それでは実相を見誤る。

本稿では、アメリカ軍のマルチドメイン作戦をもとに、自衛隊が掲げる領域横断作戦について解説し、続いて宇宙・サイバー・電磁波の各領域について、それぞれがどのような戦闘空間であるのかを見ていきたい。

■物理的な脅威よりも「脅威の源を叩く」という考え方

アメリカ軍が掲げる「マルチドメイン作戦」とは、どのような概念だろうか? アメリカ陸軍がリリースした文書によると、基本的な考え方は以下のようなものだ。

「あらゆる戦闘空間を迅速かつ持続的に統合して、相乗効果を発揮させるとともに、冗長性の高い交戦の仕組みを構築する。それによって、敵の〝脅威システム〟を叩く」

ここで理解が難しいのは「脅威システムを叩く」という考え方ではないか。ついつい、目に見える脅威に気をとられて、地上軍・航空機・艦艇といった、物理的なモノを破壊することを考えてしまう。それは戦闘の勝利ではあろうが、果たして戦争の勝利に直結するのかどうか。

これは筆者が多用する喩えだが、「人間が棒を振り回して犬を威嚇したときに、犬の側は、振り回されている棒（目の前に見えている脅威）に対して反撃するのか、棒を振り回している人間（脅威を生み出している根源）に対して反撃をするのか」という話だ。

戦争では、敵国が戦闘行為を仕掛ける能力の根源となる部分を叩き、戦争目的を実現しようとする意思を粉砕することが求められる。なぜなら、敵国が武力を使って自国の意思を他国に強要しようとする意思を引っ込めない限り、戦争は終わらないからだ。戦争行為を続けるかどうかは、手段の有無ではなく意思の問題である。それなら、意思を挫かねばならない。「脅威システムを叩く」という言葉には、このような意味が含まれている。

■「どういう効果を得たいのか」が重要

こうして見ると、三文書にある「異なる複数の戦闘空間同士で相乗効果を発揮させる」とは、「何を使うか」という手段の問題だと解釈できる。アメリカ陸軍が言うところのマルチドメイン作戦では、その手段を「何に対して、どう用いるか」という話を加えている。

ここが重要なところで、（領域横断やマルチドメインといった概念に関係なく）武力というものは、単に持っているだけで国防の役に立つものではない。その武力を「いつ、どこで、何に対して用いるのか」という明確な思想がセットになっていなければならない。「いつ、どこで、何に対して用いるのか」によって、発揮できる威力、得られる効果は違ってくるからだ。そして、「戦争目的を達成するためには、どういう効果が必要なのか」という話を起点にして考えなければならない。

なにも国防に限った話ではない。単に高性能・高機能の道具を手にするかどうかだけで話が決まるわけではなく、それを「正しい対象に対して」「正しい場面・タイミングで」「正しいやり方で」用いて、それではじめて有意な成果が得られるのではないか。

という話を書くと、「こちらの手の内を晒すのはよくない」という意見が出てくると予想される。しかし、思想的な話も含めて「こういう対抗手段を用意しているのだから、手を出せば痛い目に遭う

領域横断作戦の目的

領域横断作戦とは**「敵の脅威システムを叩く」**ことにある。
これは単に物理的なモノを破壊することではなく、
大元にある**「敵の意思を挫く」**こと。

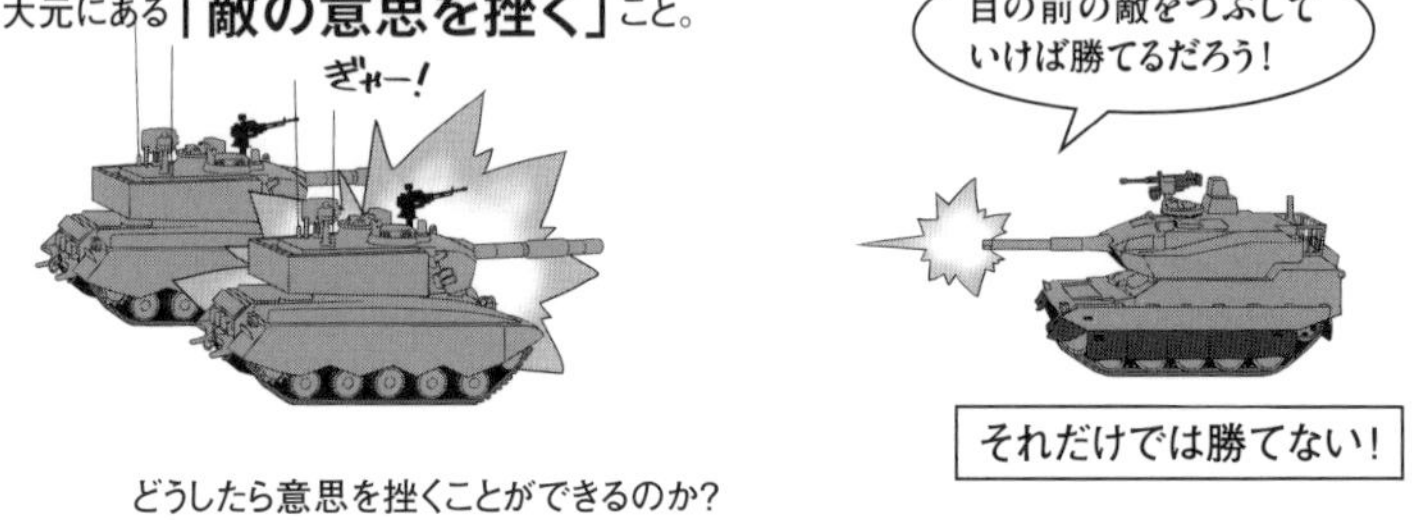
ぎゃー!
目の前の敵をつぶして
いけば勝てるだろう!
それだけでは勝てない!

どうしたら意思を挫くことができるのか?
「達成すべき状況・効果」を起点として、それを実現するために領域にまたがる
資産(アセット)を組み合わせていくこと。それが**領域横断**。

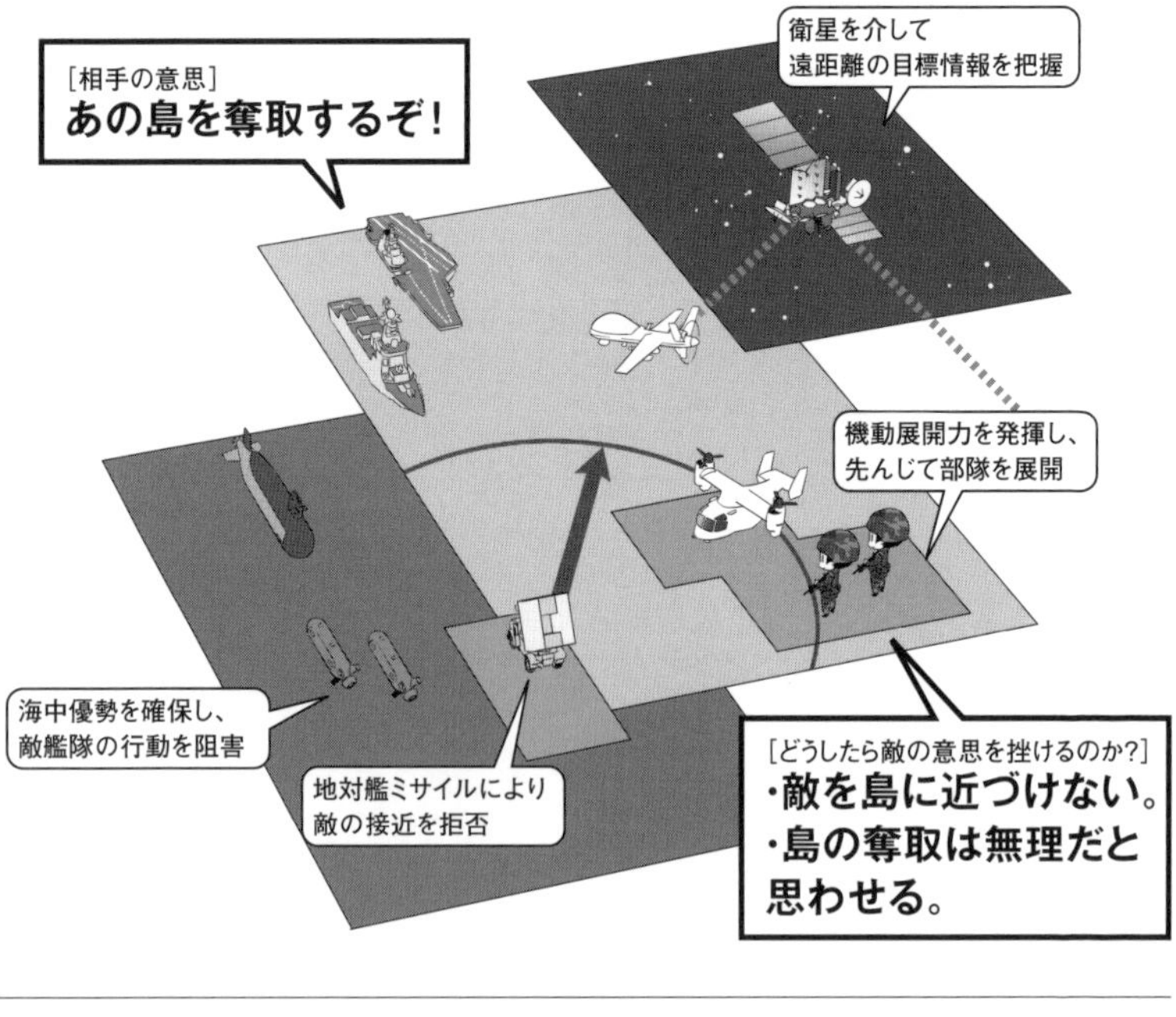
[相手の意思]
あの島を奪取するぞ!
衛星を介して
遠距離の目標情報を把握
機動展開力を発揮し、
先んじて部隊を展開
海中優勢を確保し、
敵艦隊の行動を阻害
地対艦ミサイルにより
敵の接近を拒否
[どうしたら敵の意思を挫けるのか?]
・敵を島に近づけない。
・島の奪取は無理だと
思わせる。

ぞ」と思わせることこそ抑止である。むしろ、単純に「仮想敵国が○○を持っているから、うちも」あるいは「仮想敵国の戦力が△△だから、うちも同等に」といった単純な了見でしか動いていない、と思われてしまうほうが危険である。

わが国ではアメリカと違って外征を考慮する必要はなく、「自国の主権、自国の領土を侵すものを撃退する」という考え方に徹することができる。すると、「誰が、どういう状況、どういう動機のもとで、わが国の主権や領土を侵す可能性があるのか」ということを最初に考えなければならない。果たして、単に敵軍をやっつける手段を揃えるだけで国防が成立するのか？　そうではなく、敵国に「わが国の主権や領土を侵すのは無理だ」と思わせるような方向に持っていくために何をすべきか、を考えなければならない。

ついつい、武力紛争における勝利の追求というと、「目の前に見える物的脅威を排除すること」と考えてしまう。敵軍を排除する、いわば戦術的勝利を重ねていけば戦争に勝てる、という考え方である。しかし果たしてその通りであろうか。「達成すべき状況・効果」を起点として、それを実現するために手持ちのさまざまな資産をどのように組み合わせて、どのように使っていくか。そういう順番で物事を考えなければならないのではないか。その「さまざまな資産を組み合わせること」が、すなわち、領域横断なのである。

2 戦闘空間ごとの解説

(1)宇宙

■宇宙空間で何をするのか

最近、航空自衛隊を「航空宇宙自衛隊」に改称する話が出ている。ただし「宇宙」といっても、「宇宙戦艦ヤマト」のような宇宙戦艦・戦闘機による戦いを考えているわけではない。

まず、陸・海・空における戦闘行動に際して不可欠となる情報収集や通信の手段が、宇宙空間に展開されている。つまり各種の人工衛星だが、それらを護り、使える状態を維持するのが、第一の目的となる。

そして第二の目的は、第一の目的とも関連する話だが、宇宙空間における人工衛星やその他のあれこれの動向を把握すること。いわゆる「宇宙状況認識（ＳＳＡ：Space Situation Awareness）である（宇宙状況認識については後述する）。

■軍用人工衛星の種類と機能

①偵察衛星

軍用衛星として代表的なものが偵察衛星だろう。すでにわが国でも、情報収集衛星という名の偵察衛星を配備・運用している。高解像度のカメラを搭載した光学衛星と、合成開口レーダー（ＳＡＲ：

※1：静止衛星は、地球の自転周期と同じ周回速度で飛翔している。そのため、地上から見ると同じ位置に静止しているように見える。

Synthetic Aperture Radar）を搭載したレーダー衛星がある。どちらも「映像」を得るところは同じだが、光学衛星の映像は人間の目で見たものに近い。それに対してSARの映像は、地表の凹凸を映像化したものとなる。

光学衛星は地表が雲に覆われていると有意な情報を得られないが、SARは昼夜・天候を問わずに情報を得られる。ただし、可視光線と比べるとレーダー波（電波）の波長は長いため、映像の質はいくらか落ちる（148ページ参照）。こうした事情から、光学衛星とレーダー衛星は相互補完の関係となる。

これら偵察衛星は、比較的高度が低い軌道を周回しているため、特定の地点を継続的に見張ることはできない。間欠的な情報になり、また、衛星がどの地点を、いつごろ通過するのかを容易に推定できる。だから、衛星が上空を通過するタイミングに合わせて隠蔽策を講じることも、理屈の上では可能だ。偵察衛星の有用性、あるいはそこから得られる情報について考える際には、このことを頭に入れておく必要がある。

②通信衛星

もう一つ、軍用の人工衛星として欠かせないのが通信衛星。これには、赤道上空に配備する静止衛星（高度は約三万六〇〇〇キロメートル）［※1］と、低高度の周回衛星［※2］を使用するものがある。たとえば、イリジウムやスラーヤなどといった、衛星携帯電話が使用する衛星は後者だ。最近話題のスターリンクも同様である。

③測位衛星

また、測位衛星も現在の軍事作戦に欠くことができない。いわゆる「GNSS（Global Naviga-

※2：周回衛星は地球の周囲を回る軌道に載っているため、地上から見ると常に移動している。周回軌道の高度はさまざまだが、そのうち低軌道の衛星は地球に近いぶん通信の伝送遅延が少なく、出力も小さくて済む。

tion Satellite System、グローバル航法衛星システム)」で、アメリカ軍のGPS、欧州共同のガリレオ、わが国の準天頂衛星「みちびき」、中国の「北斗」、ロシアのGLONASS(グロナス)などがある。衛星から地上に向けて電波を発しており、それを受信して、電波の到達時間や衛星の軌道情報に基づき、緯度・経度・高度・時刻の情報を割り出す。

④早期警戒衛星

国によっては、弾道ミサイルの発射を探知する早期警戒衛星を配備している。これは高感度の赤外線センサーを備えており、地上あるいは洋上から弾道ミサイルが発射されたときに発生する、排気炎を熱源とする赤外線を捕捉する。まず赤外線の発生源が急に現れたことを探知すれば「弾道ミサイルが発射された」と分かり、それを追尾することで進行方向を把握する。

ただし、早期警戒衛星だけでは情報の精度が不充分なので、飛翔する方向が判明したあとは、地上に設置している弾道ミサイル追跡用レーダーに引き継ぐ流れとなる。

◆主な軍用人工衛星

①偵察衛星(情報収集衛星)	光学衛星とレーダー衛星がある。地表を監視するため低い軌道を周回している。
②通信衛星	赤道上空の静止軌道にある衛星(静止衛星)は、地上から見て同じ位置に静止しているように見える。そのため、常時通信が可能であり広く利用されている。より低軌道の周回衛星はタイムラグが少ない通信が可能だが、衛星が地平線の向こうに飛んで行ってしまうため、複数の衛星を飛ばしておく必要がある。
③測位衛星	アメリカの「GPS」が有名。このほか欧州共同の「ガリレオ」、日本の準天頂衛星「みちびき」、中国の「北斗」、ロシアの「GRONASS」がある。
④早期警戒衛星	弾道ミサイルの発射を探知するための衛星。高感度の赤外線センサーを備え、弾道ミサイル打ち上げ時の排気炎を熱源とする赤外線を捕捉する。アメリカとロシアなど、一部の国が保有する。

■「宇宙状況把握」の必要性

ところが、こうした衛星だけが地球の周囲を周回しているわけではない。用済みになった衛星あるいは衛星の残骸・破片など、余計なものもいろいろ周回している。これがいわゆるスペースデブリ（宇宙ゴミと訳される）で、稼働中の人工衛星にぶつかるようなことがあれば一大事となる。小さな破片でも、高速で人工衛星にぶつかればタダでは済まない。

そこで、スペースデブリの動向を監視する必要性が認識された。スペースデブリだけでなく各国の人工衛星も含めて、地球を取り巻く宇宙空間で何が起きているかを知るという取り組みは、「宇宙状況把握（SSA：Space Situational Awareness）と呼ばれる。航空自衛隊の「宇宙作戦群」（府中基地）は、日本においてSSAを受け持つ組織のひとつである。

SSAの具体的な手段としては、地上に設置したレーダーあるいは望遠鏡を用いることが多い。二〇二三年三月に、アメリカのノースロップ・グラマンと日本のIHIがSSA分野での協業を決めたが、これは探知手段を宇宙空間に配備する点が特徴となる。衛星などの動向を監視するために衛星を使うわけだ。

■極超音速兵器の捕捉追尾

近年、新手の脅威として喧伝されているのが、極超音速兵器。極超音速とはマッハ5以上を指す（極超音速兵器について、詳しくは第二章の解説を参照）。

弾道ミサイルは、最初に与える速力と飛ばす向きが決まれば、その後の飛翔経路は物理法則に基づいて決まる。だから迎え撃つ側からすれば、飛翔経路の推定は比較的容易だ。ところが極超音速兵器は事情が異なり、弾道ミサイルみたいに単純な経路をとらない。なにがしかの制約はあるにしても、飛翔中に針路や高度を変換できるから、事前に経路を予測して待ち構えるのは難しい。しかも高度が低いから、軌道高度が三万六〇〇〇キロメートルと高い静止衛星で精確に捕捉追尾することはできない（弾道ミサイルの発見と追尾を行う早期警戒衛星は、静止軌道など高い軌道を用いている）。

そこで、低高度の周回衛星を用いて、リレー式に捕捉・追尾するとの話が出ている。軌道高度が低ければ、そのぶんだけターゲットが近くなるから、映像の鮮明さや位置測定の精度向上を期待できる。ただし、軌道高度が低いということは、一つの衛星でカバーできる範囲は限られるため、そこからリレー式という話につながる。

また、衛星が得た追尾データを迅速に地上に送らなければならないが、これも多数の小型通信衛星を低軌道に周回させておいて、リレー式にデータを送るとの話になる。いずれも、多数の衛星で構成する衛星群（コンステレーション）を用いることになるわけだ。

これを具体化したプログラムが、アメリカのミサイル防衛局（MDA）の「HBTSS（Hypersonic and Ballistic Tracking Space Sensor、極超音速・弾道ミサイル追跡宇宙センサー）」計画や、宇宙開発庁（SDA）の「SDAトラッキング・レイヤー」計画だ。SDAトラッキング・レイヤーは、データの中継を担当する通信衛星群、SDAトランスポート・レイヤー計画とワンセットになる。

現時点で、日本で同種のシステムを構築する具体的な動きは出ていない。開発に要する経費とリスク、そして時間の問題を考えると、さしあたりはアメリカ軍のシステムに相乗りして探知データを共有するかたちを構築するほうが現実的であろう。

極超音速滑空体の追跡——HBTSS

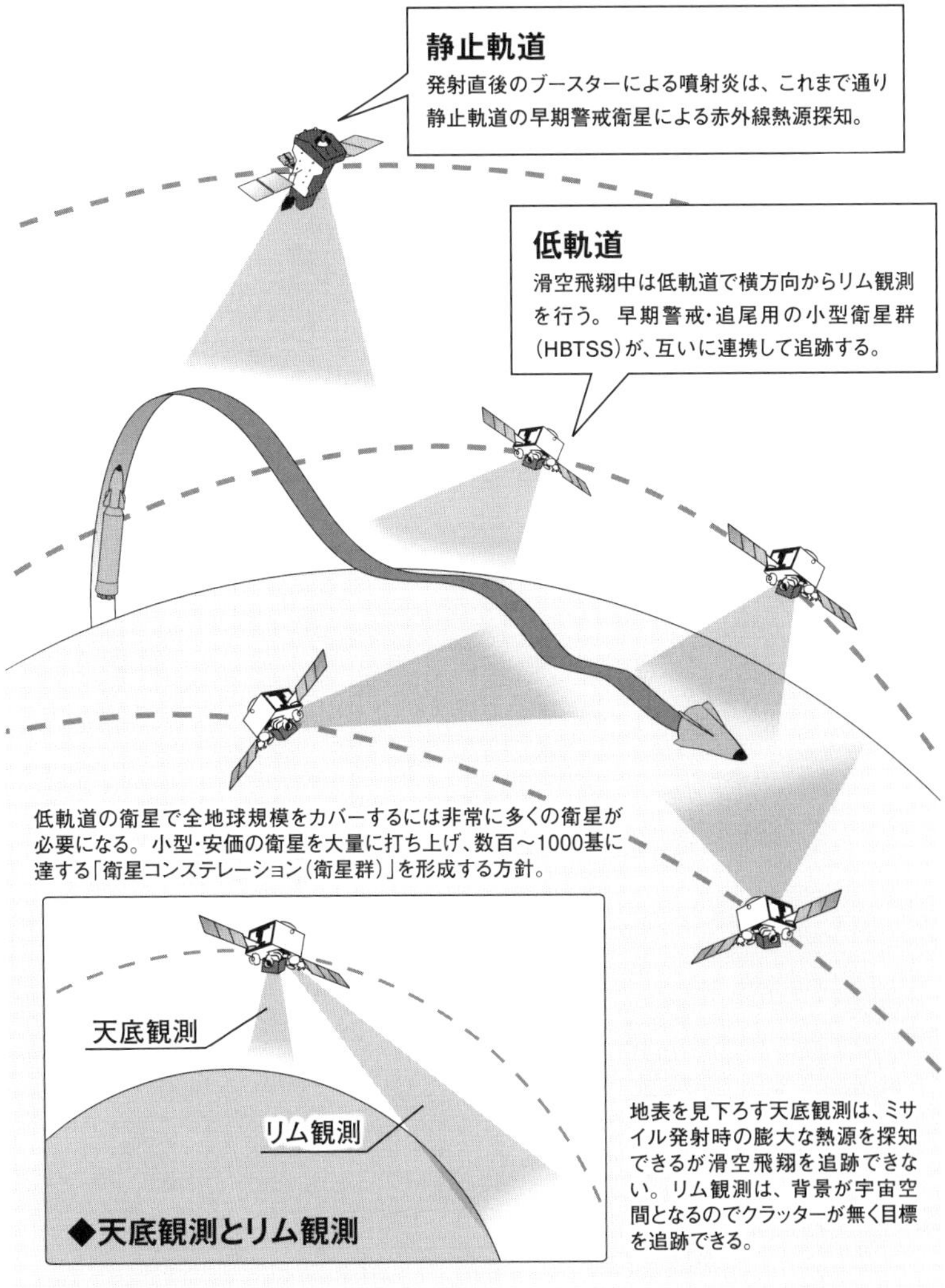
静止軌道
発射直後のブースターによる噴射炎は、これまで通り静止軌道の早期警戒衛星による赤外線熱源探知。
低軌道
滑空飛翔中は低軌道で横方向からリム観測を行う。早期警戒・追尾用の小型衛星群(HBTSS)が、互いに連携して追跡する。
低軌道の衛星で全地球規模をカバーするには非常に多くの衛星が必要になる。小型・安価の衛星を大量に打ち上げ、数百～1000基に達する「衛星コンステレーション(衛星群)」を形成する方針。
天底観測
リム観測
◆天底観測とリム観測
地表を見下ろす天底観測は、ミサイル発射時の膨大な熱源を探知できるが滑空飛翔を追跡できない。リム観測は、背景が宇宙空間となるのでクラッターが無く目標を追跡できる。

■「コンステレーション」という用語

極超音速兵器の捕捉や追尾に関連して、防衛省・自衛隊やその周辺で「コンステレーション」という言葉が頻出し、あたかも「極超音速兵器の捕捉・追尾を行う衛星群＝コンステレーション」と考えている方が散見される。

だが、「コンステレーション」は特定の衛星やシステムを指す言葉ではない。もともとの意味は「星座」だが、宇宙開発の分野では特定の機能・役割を果たすための「人工衛星の集合体」を指す一般名詞。だから筆者は「衛星群」と訳している。たまたま、極超音速兵器の捕捉追尾を行う衛星群の話があったことから、それを「コンステレーション」と呼ぶようになり、前述したような間違いが流布してしまったわけだ。

前述したように、極超音速兵器の捕捉追尾を精確に行うためには、軌道高度が低い複数の衛星がリレー式に捕捉追尾を行う。衛星群を構成する結果として、一部の衛星が失われたり機能を喪失したりしても、いきなり全滅はしない。業界用語でいうと、抗堪性が高い。

この「衛星群の抗堪性の高さ」については、すでにスペースXのスターリンク衛星通信システムという先例がある。このシステムでは、数十どころか数千基もの小型衛星を周回軌道に投入している。過去に、太陽嵐の影響で約四〇基程度の衛星が失われたが、残りの衛星の数が多いのでサービスには何の支障もなかった。

（2）サイバー空間

■国家の重要システムや情報を護るということ

読者の皆さんは、「サイバー攻撃」と言われたときに、何を思い浮かべるだろう。実は、この言葉の意味は意外と広い。単に、コンピュータ・システムを対象とする物理的な攻撃だけを指しているわけではないからだ。

一般的に、サイバー攻撃というと想起されるのは、「インターネットからコンピュータ・システムに不正侵入して、機能不全を起こしたり、データを消去あるいは書き換えたりする」、「コンピュータを過負荷にして機能不全に陥らせるサービス拒否（ＤｏＳ：Denial of Service）攻撃」あたりの話だろうか。

現代文明とコンピュータは密接に結びついているから、そのコンピュータが機能不全を起こせば、電力や水道、交通など社会インフラのさまざまな分野に被害がおよぶ。過去に、政府機関のＷＥＢサイトが外国からのサイバー攻撃によって機能不全を起こしたり、金融システムが機能不全を起こして国民生活に多大な影響をおよぼしたりといった事案が、実際に起きている。また、「コンピュータから機密情報が盗み出される」事件もたびたび発生している。

そこで、とくにコンピュータを中核とする情報システムの分野について、防護措置を講じるのが「サイバー防衛」という話になる。「サイバー攻撃を予防、あるいは阻止するための防衛手段。あるいは防衛のためにとられる措置の総称」とでも言えばよいだろうか。具体的に言うと、国家や企業の情報システムが持つデータを護るとか、電力・水道・航空管制などの重要インフラが機能不全を起こさないようにするとか、金融システムを護るとか、そういった話になる。

　本書の作業が進んでいる最中の二〇二三年八月七日にワシントンポストが、「二〇二〇年に、防衛省のネットワークに中国が侵入していることを米国家安全保障局が察知して日本側に通報、支援を申し出たが日本側は断った」との報道があった。もしも、日本の「国の護り」に関わる情報が仮想敵国に盗み出されたのが事実とすれば、それはすなわち、こちらの手の内を知られてしまったということである。すると、裏をかいて弱点を突くような攻撃を仕掛けてくる事態が想定される。それでは、いくら立派な施策を掲げていても画餅と化してしまう。情報システムの安定稼働を維持するのは当然のことながら、そこで扱っている情報を護ることもまた重要である。

■サイバー攻撃の強みと弱み

　サイバー攻撃には独特の利点がある。ターゲットのところまで物理的な攻撃手段を送り込まなくても、ネットワーク経由で攻撃を仕掛けられるから、攻撃者は安全なところにいられる。また、攻撃者の身元を突き止めるのが難しい。攻撃を仕掛ける過程で攻撃元を秘匿する策を講じれば、「私はやってない。潔白だ」と否認できる。

　そして、優秀な攻撃者が少数いるだけでも、相当なダメージを与えられる。数を頼んで攻撃を仕掛けなければならない場面でも、第三者のコンピュータを勝手に拝借して攻撃用プログラムを送り込み、お先棒を担がせる手がある。

　しかし一方では、サイバー攻撃で特定の場所を占領することはできない。物理的に人間を送り込むわけではないから、当然だ。また、結果が読みにくい（計算できない）。砲弾や爆弾なら「この面積に対して何発撃ち込めば、この程度の破壊効果が見込める」という計算をできるが、サイバー攻撃は

サイバー攻撃とは

現代文明とコンピュータは密接に結びついている。そのコンピュータが機能不全を起こせば、電力や水道、交通など社会インフラのさまざまな分野に被害がおよぶ。

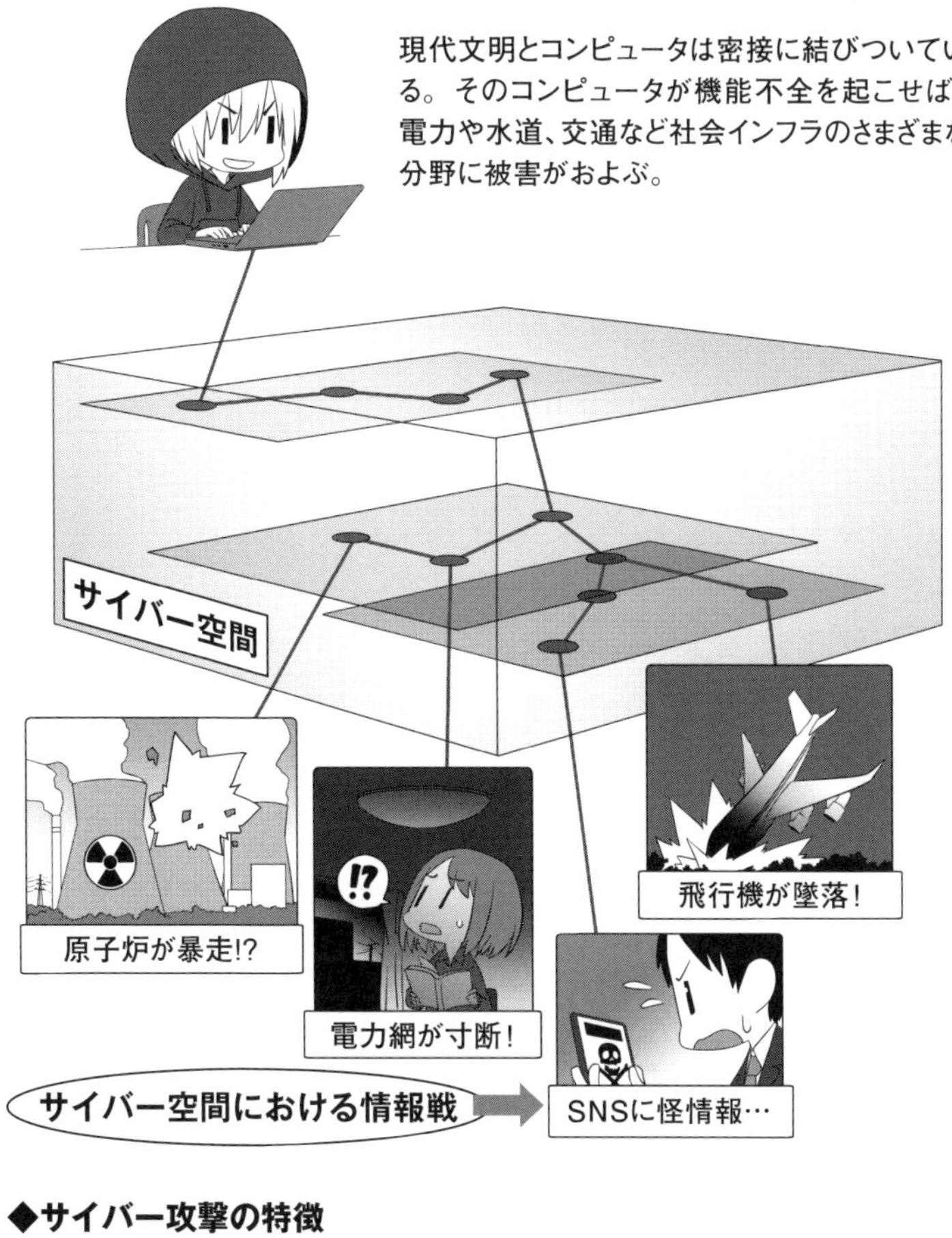
サイバー空間
原子炉が暴走!?
!?
電力網が寸断!
飛行機が墜落!
SNSに怪情報…
サイバー空間における情報戦

◆サイバー攻撃の特徴

サイバー攻撃の強み	物理的攻撃手段を送り込まなくていい。隠れて攻撃しやすい。
サイバー攻撃の弱み	物理的手段を送り込まないので、土地の占領はできない。 また、物理的兵器と異なり結果を計算しにくい。

それができない。

この点で、サイバー攻撃は空軍力と似たところがある。つまり「戦闘や戦争を有利に進める手段にはなるが、それだけで戦闘や戦争に勝てるというものでもない」となる。

■サイバー攻撃への対処

では、それを迎え撃つ側はどうすれば良いか？　まず、不正侵入を困難にする方策がある（不可能に、と言いたいところだが、それはそれで難しい）。具体的には、不正侵入されないための防護システムを整備するとか、ソフトウェアの脆弱性（不正攻撃につながる不具合）を塞ぐための修正プログラムを適用するとか、不正侵入につながる設定ミスをつぶすといったものが挙げられる。

そのためには、攻撃者の手口を知る必要がある。新しいソフトウェア、新しいサービス、新しい機能が出てくれば、攻撃者は「何か付け入るスキはないか」と調べまわるし、防御側は「何か付け入られるスキはないか」と調べまわる。目的は真逆だが、やっていることは似ている。

また、攻撃の発生をいち早く検知することも必要だ。もちろん、攻撃者は攻撃を察知されないようにあれこれ工夫するので、これは口で言うよりも難しい。しかし、攻撃の発生を迅速に検知して、穴を塞がなければ、被害はどんどん拡大する。


実は技術的な話だけではなく、人的な要素も大きい。攻撃者が相手のコンピュータを遠隔操作してデータを盗み出す場面などで使用する「ＲＡＴ（Remote Access Trojan）」と呼ばれる不正プログラムの一群がある。これを送り込む際の典型的な手口が「標的型攻撃」だ。ターゲットとなる組織の構成員や個人に対して、いかにも関係がありそうな、重要なメールを装い、添付ファイルを開かせるなどしてＲＡＴを送り込むわけだ。このような場合、「これは怪しいぞ」と気づくかどうかは、かなりの部分、個人個人の意識にかかっている。

すると、セキュリティ教育もまたサイバー防衛の一環ということになる。また、国家や軍が単独で対処するのではなく、しかるべき情報やノウハウを持っている民間のセキュリティ企業と連携する必要もある。

標的型攻撃はターゲットが明確になっており、軍やその他の官庁、防衛関連などのハイテク企業、金融機関がよく狙われる。どこかの国家が組織的に仕掛けてくることも多く、そうした国家主導の攻撃者を総称して「ＡＰＴ（Advanced Persistent Threat）」と呼ぶ。中国、北朝鮮、ロシアといった国に拠点を置くＡＰＴの存在が、しばしば報告されている。

現時点で公開されている動向を見る限り、サイバー分野における日本側の施策は「防衛」に主眼を置いているように見受けられる。「護るだけでいいのか、やられたらやり返す必要もあるのではないか」という議論もあろう。しかし、ことにサイバー戦の分野では、日本はアメリカと比べて立ち後れているといわざるを得ない。まず護りをしっかり固めることを優先するべきであろう。現に、先にも述べたように不正侵入事案が発生している状況である。護りが怪しいのに、攻撃することばかり考えるのはいかがなものか。

■情報戦の戦場としてのサイバー空間

サイバー戦には、また別の側面がある。半分は情報戦の分野に属する話だが、インターネット上で日常的に発生している「ニセ情報を用いた宣伝戦」もまた、サイバー戦の一種と言える。

たとえば、二〇二二年二月にロシアがウクライナに侵攻して以来、ロシア大使館や政府系報道機関

「スプートニク」などが、SNSを用いてロシア政府の宣伝を展開している。これらアカウントは立場が明確だから判断しやすいが、必ずしもそうしたアカウントばかりとは限らない。

戦争や大きな事件・事故、災害など、人目を引きつけやすい事態が生じると、往々にして〝関連情報〟と称するものが拡散する。たとえば「ウクライナの戦場で起きている○○の動画」といったものが流れてきたら、ついつい拡散してしまわないだろうか。それが本当にウクライナで起きているものかどうか、分からないにもかかわらず。動画でも写真でも、説明通りの場所・時間・状況で撮影されたかどうか、見ただけでは分からないものだ。とくに写真であれば、改変は容易にできてしまう。

こうした宣伝戦はロシアだけが展開しているわけではない。ネットワークサービスを利用しながら、「自分が今、国家レベルで展開されている情報戦の戦場の真っただ中にいるのだ」と意識している人が、どれだけいるだろうか。われわれは、このような宣伝戦につねに晒されている。

実のところ、こうしたインターネット上での宣伝活動は、先に述べたような「真っ先に想起される種類のサイバー攻撃」以上に深刻な問題ではないだろうか。

(3)電子戦

■電磁波領域の戦い

防衛省は近年、「電磁波領域の戦い」ということを言い出した。しかし実のところ、「電磁波」は近年になって急浮上した領域というわけではない。その萌芽は第二次世界大戦のころからあった。

電磁波と言うと、いわゆる電波だけでなく、可視光線や赤外線、紫外線まで含む。そのため「電磁波領域」ではなく、対象範囲を電波に限定した「電子戦（EW：Electronic Warfare）」という言葉も使われる。

レーダーのような探知手段や無線通信など、電波を用いる技術や製品はいろいろある。それらは当然ながら軍事分野にも広がり、軍事作戦を遂行するために重要なピースとなっている。たとえばレーダーは、昼夜・天候を問わない探知手段として、軍民双方で不可欠な機材だ。無線通信については言うまでもないだろうが、敵軍から見ればこうしたデバイスは魅力的な攻撃目標になる。レーダーに機能不全を起こさせれば「目をつぶす」ことになり、状況把握を困難にできる。無線通信を妨害すれば「耳と口をつぶす」ことになり、連絡や命令の下達、救援の要請を邪魔できる。

すでに第二次世界大戦ではヨーロッパにおいて、互いに敵のレーダーや無線通信を妨害しあっていた。これは、イギリスとドイツの空軍が互いに相手国の都市に対して夜間爆撃を仕掛けるようになったためだ。夜間に目視で爆撃機の飛来を探知するのは困難だから、レーダーを使

◆「電磁波」とは

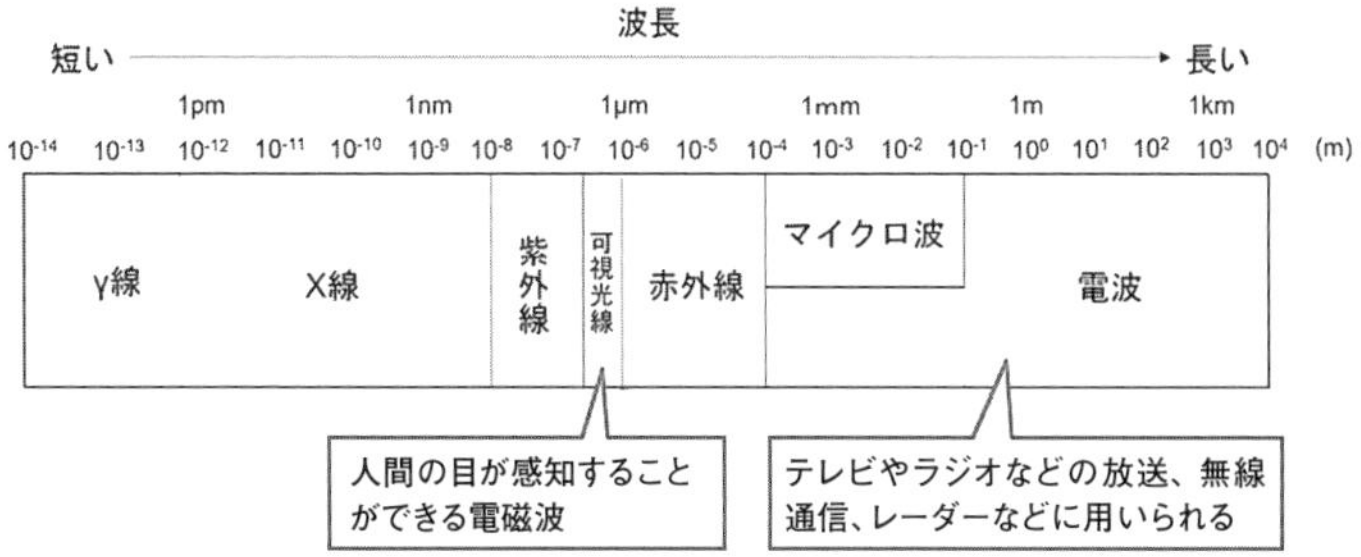

目に見える光（可視光線）も、レーダーや通信で用いる電波も、すべて「電磁波」であり、それぞれ波長が異なる（可視光線は380〜760nm、電波は0.1mm以上）。このように電磁波は幅広いため、対象を電波に限定した「電子戦」という言葉も用いられる。
なお、偵察衛星（光学衛星とレーダー衛星）の解説でも述べたが、波長が短いと対象をより細かく観測できるが雨や雲の影響を受けやすく、また遠くまで届きにくい。波長が長いと遠くまで届くが、画像の質は落ちる。

う。すると爆撃機を送り込む側は、探知を妨げるためにレーダーを妨害したり、ニセ目標（オトリとなる目標）をでっちあげたりする。また、迎撃する戦闘機を爆撃機のところまで誘導するために地上管制施設との無線通信が不可欠だから、その通信を妨害した。具体的な手法は以下のようなものだ。

- ●レーダー探知を妨げるために、妨害電波を出す。

- ●アルミ箔をバラまくことで、防衛側のレーダー上にニセ目標を現出させる（現代では同様の目的で、アルミをコーティングした樹脂膜を用いる）。

- ●敵が使用している無線と同じ周波数で、ニセ交信を割り込ませたり、妨害電波を出す。

- ●敵から照射されたレーダー電波を探知することで、敵に発見されたことを認識する。

さらに、第二次大戦後にミサイル（誘導兵器）が登場すると、ミサイルの誘導装置を妨害するというニーズも発生した。とくにベトナム戦争において、アメリカ軍は北ベトナム軍が構築した地対空ミサイル主体の防空網によって大きな損害を出したため、電子戦による防空網の無力化に力を入れるようになる。

■ES・EA・EP

電波を妨害するにしても、無線通信に割り込んでニセ交信を仕掛けるにしても、事前に知っておかなければならない情報がある。

妨害電波を出すのであれば、その電波の周波数は、妨害対象が使用する周波数にあわせなければならない。たとえば、相手のレーダーにニセ目標を現出させるという妨害手法があるが、こちらが発信

◆周波数をあわせなければ妨害できない！

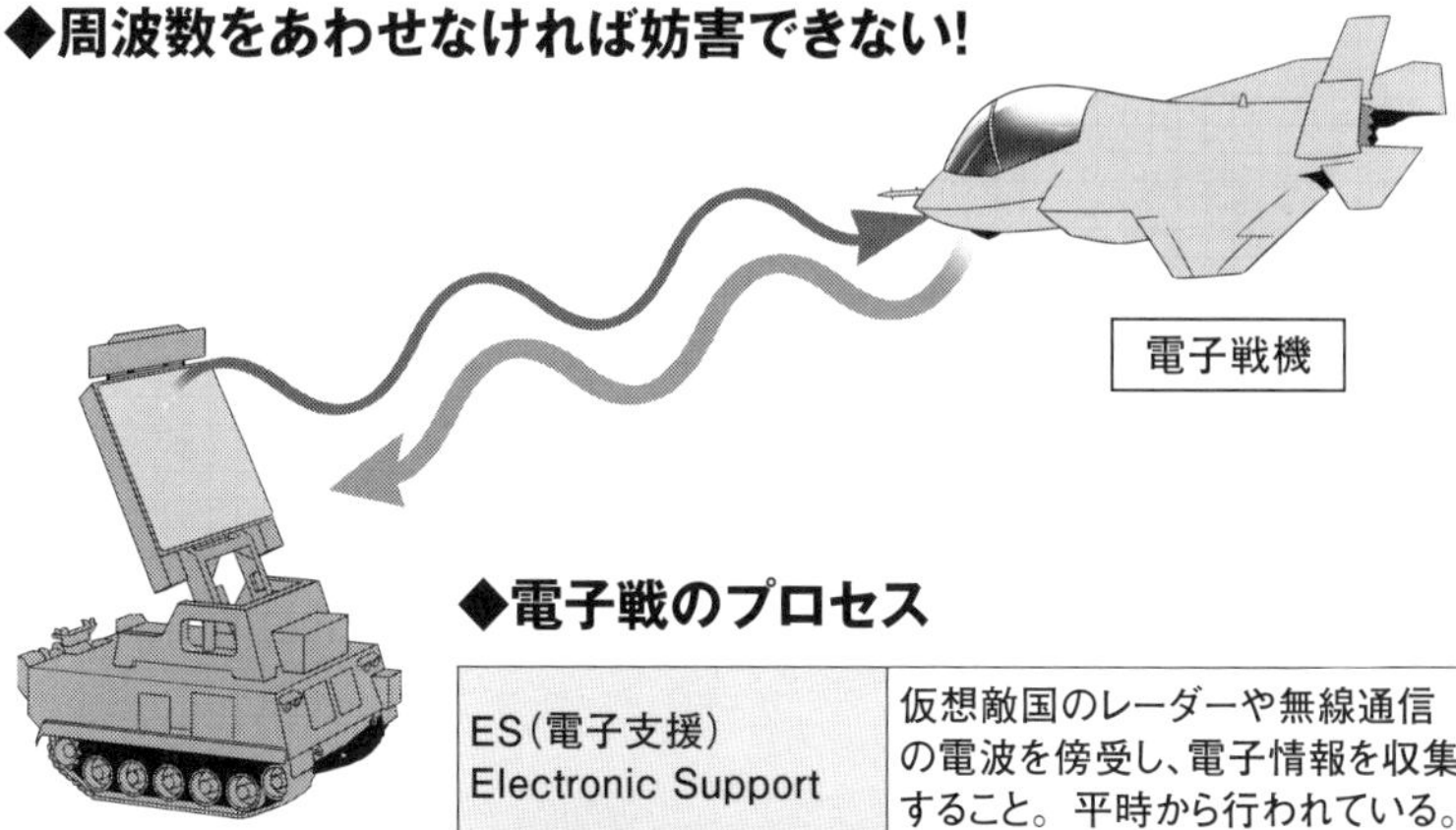

◆電子戦のプロセス

ES（電子支援） Electronic Support	仮想敵国のレーダーや無線通信の電波を傍受し、電子情報を収集すること。平時から行われている。
EA（電子攻撃） Electronic Attack	敵のレーダーや無線通信への妨害や欺瞞など。
EP（電子防護） Electronic Protection	EAに対処（対抗・回避）すること。

航空自衛隊のRC-2電波情報収集機。老朽化したYS-11EBの後継として、C-2輸送機をベースに作られた。機体の各所に、アンテナドームのふくらみが確認できる。YS-11よりも機体容積が大きく、情報収集の能力が大幅に向上したと言われている（写真：編集部）

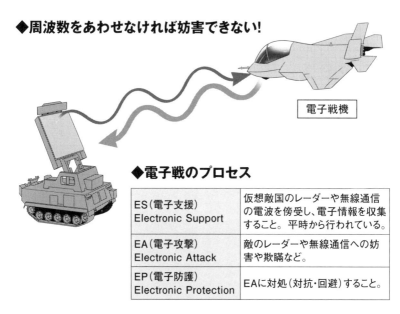

した電波を、相手のレーダー受信機が「自分が送信した電波の反射波である」と認識してくれなければ騙せない。また、通信に割り込みをかけるのであれば、周波数だけでなく変調方式［※3］も分かっていなければ割り込めない。

すると、電子戦の基本的な流れとしては、まず敵軍が使用するレーダーや通信機に関する情報収集が不可欠となる。そこで得た情報を用いて、妨害したり、割り込みをかけたりといった攻撃を仕掛ける。一方で受けて立つ側は、妨害や割り込みをさせないように工夫する。レーダーが妨害されたときに、すかさず妨害を回避するのも対抗策の一つだ。

この一連のプロセスのうち、情報収集を「ES（Electronic Support、電子支援）」、攻撃を「EA（Electronic Attack、電子攻撃）」、攻撃への対処を「EP（Electronic Protection、電子防護）」という。また、電波を介して収集する情報のことを「電子情報（ELINT：Electronic Intelligence）」と言い、通信については「通信情報（COMINT：Communication Intelligence）」という言葉もある。これらをひっくるめて「信号情報（SIGINT：Signal Intelligence）」という言葉も使う。

たとえば、海上自衛隊にEP－3という飛行機があるが、これは仮想敵国が使用しているレーダーや無線通信の電波を受信して、情報を得るための機体だ。もちろん、アメリカにも、中国にも、ロシアにも同種の機体があり、平時から情報収集活動を行っている。この手の機体がやって来たら、レーダーや無線の使用を停止する……と、できればよいが、必ずしも可能とは言えないのが悩ましいところ。とくに、自国の領空に向けて飛来する航空機を監視するレーダーは、停止させたら仕事にならないが、作動させれば情報を盗みとられてしまう。

※3：変調とは、音声や画像などのデータを電波に載せるための技術。

■EA(電子攻撃)のやり方

ＥＡを仕掛けて敵軍のレーダーや通信機を妨害する場合、妨害手段を「どこ」に配置するかで、いくつかの選択肢がある。ちなみに妨害のことを「ジャム（jam）」と言うが、もちろんパンに塗るアレとは関係は無く、「麻痺させる」、「動かなくする」という意味だ。余談だが、交通渋滞は英語で「traffic jam」と言う。

妨害電波を発信するには、送信機とアンテナが必要になる。これは車両や艦艇、航空機に搭載するが、艦艇のそれは、自艦に向けて飛来するミサイルを妨害するためのもの。また、地上で使用するものは、敵軍の通信を妨害する用途が多い。

その点、空ではバリエーションがいくつもある。たとえば、敵地に突っ込む戦闘機に随伴して、掩護のために敵の防空システム（レーダーや対空ミサイル）に対する妨害を仕掛ける任務は、「エスコート・ジャミング」と言う。これを実現するには、戦闘機に随伴できる飛行性能を持った機体が要るので、戦闘機に妨害装置を載せるのが一般的。この場合、妨害装置のサイズや出力は「戦闘機に載せられるもの」に限られるため、ある程度、制約される。

また、離れたところから妨害電波を放つ手法もあり、これを「スタンド・オフ・ジャミング」と言う。離れたところから放つぶんだけ電波の出力を高める必要があり、機材が大掛かりになってしまうため、大型の機体が必要になるが、敵地から離れて任務を遂行できるので、速度性能の面では妥協することができる。三文書では、こちらの用途のための機体（スタンド・オフ電子戦機）を導入することが明記されている。

EA（電子攻撃）のやり方

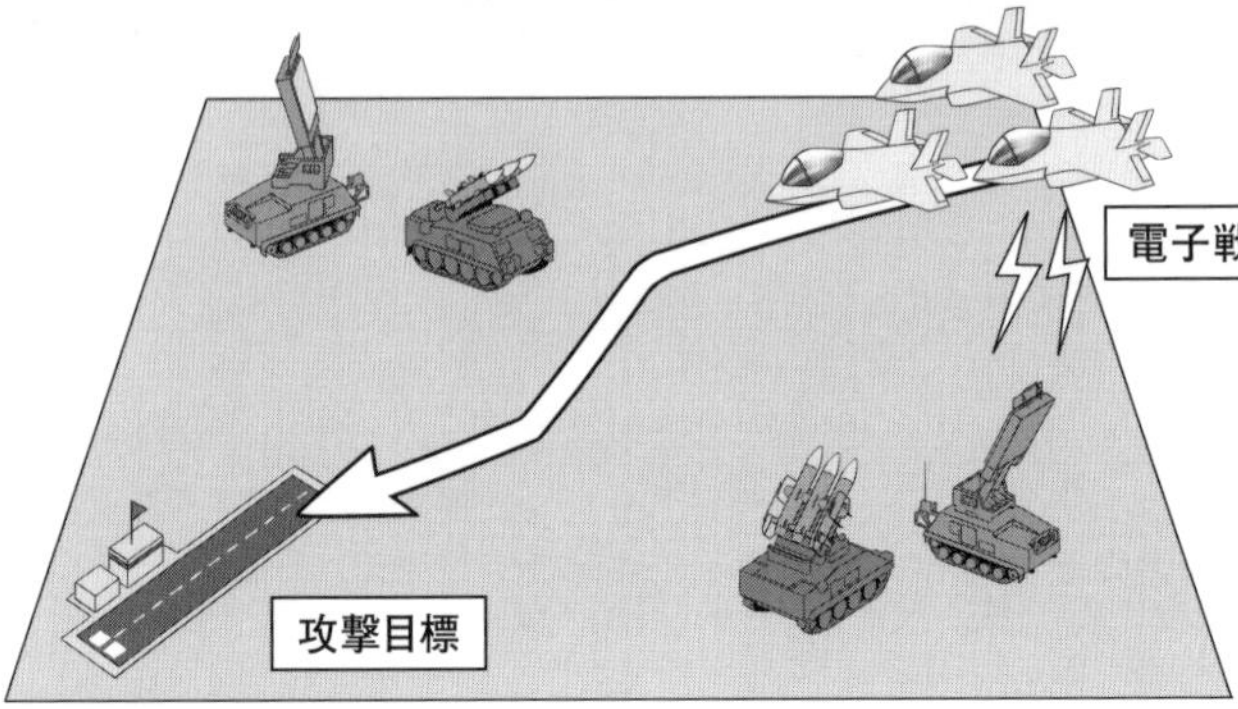

◆エスコート・ジャミング

敵地に突入する戦闘機に随伴して、敵の防空システムを妨害する。戦闘機に妨害装置を載せるのが一般的。戦闘機に搭載するため、サイズや出力には制約がある。

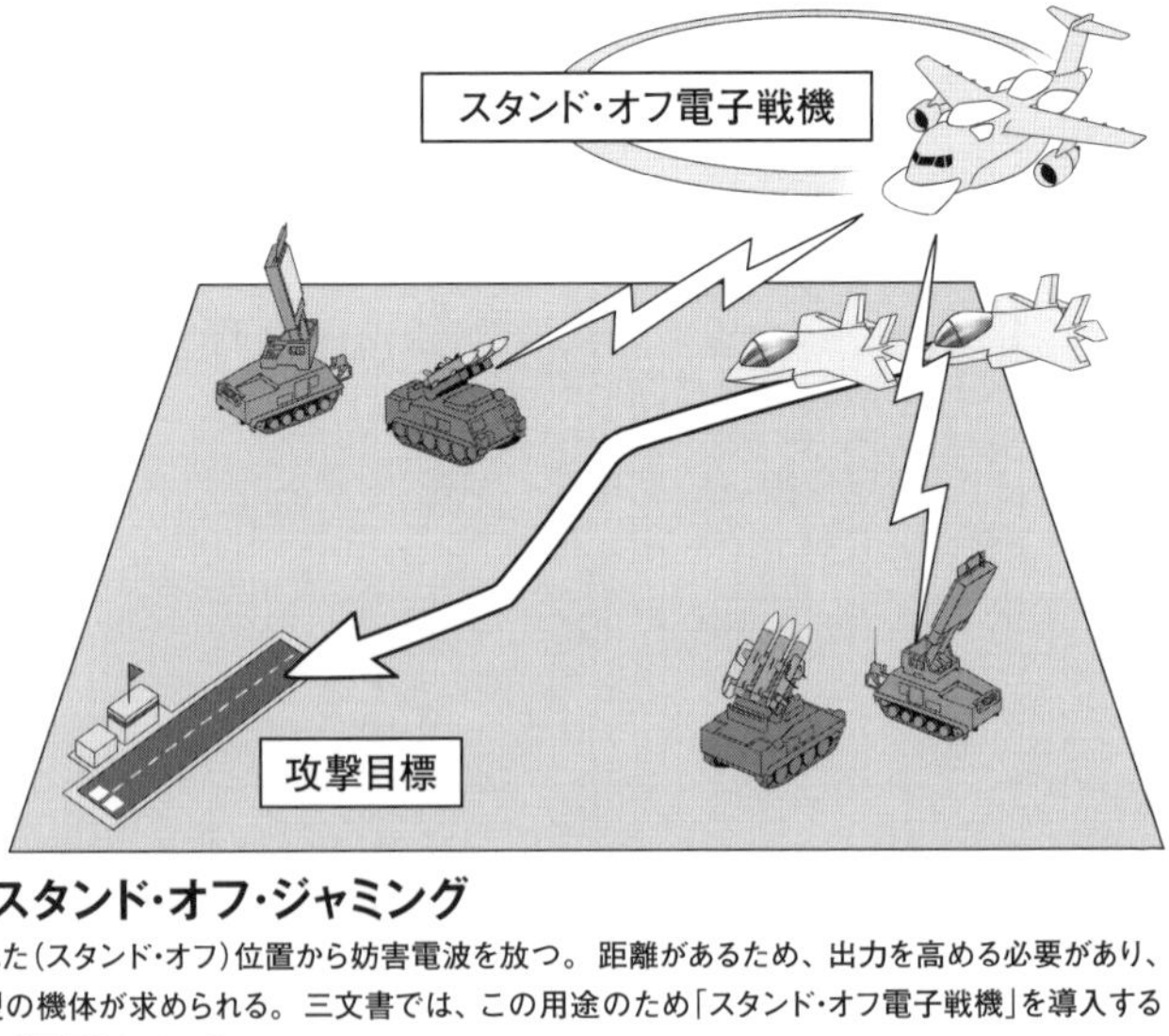

◆スタンド・オフ・ジャミング

離れた（スタンド・オフ）位置から妨害電波を放つ。距離があるため、出力を高める必要があり、大型の機体が求められる。三文書では、この用途のため「スタンド・オフ電子戦機」を導入することが明記されている。

ただし、妨害を仕掛けるには、まず対象のことを知らなければならない。したがって、電子戦の分野では情報収集、先に述べたESが重要な要素である。すでに、たとえば海上自衛隊のEP－3や航空自衛隊のYS－11EBといった機体がELINT収集のために用いられているが、YS－11EBについては機体が老朽化しているため、C－2輸送機に所要の機材を載せるRC－2に代替する話が決まっている。こうした機体がデータを集めてくること、そして集めてきたデータを解析して妨害などに活用できる体制を整えること。それがあってこその電子妨害すなわちEA能力である。

同時に、仮想敵国が持つ妨害能力について知ることも求められる。どういう妨害が仕掛けられるかが分からなければ、妨害を打ち破ることができない。こちらはEAではなくEPの領域となる。

単なる戦闘機と思ってはいけないF－35

　F－35のことを単なる「戦闘機」だと思っている人は多いが、これは大間違い。もちろん、敵機を相手に空中戦を仕掛けることも、地上の敵軍や洋上の敵艦船を攻撃することもできるが、この機体はさらにいろいろなことができる。

　F－35は、レーダーや電子光学センサーなど、さまざまな探知手段を持っているだけでなく、得られたデータを無線データ通信によって送信、あるいは味方機同士で共有できる。だから、ステルス性を活かして敵地に乗り込み、重要な目標を見つけたら情報を送る——なんていう使い方もできる。すると、弾道ミサイルでも巡航ミサイルでも、長射程ミサイルで敵地の目標を叩く際に、F－35が〝眼〟を務められるわけだ。

　また、まだ将来構想の段階だが、F－35にEAの機能を持たせる話も出ている。現時点で装備している妨害装置は、あくまで自衛用（自機に向けて飛来するミサイルを妨害するもの）だが、もっとパワーを上げて敵軍のレーダーを妨害することが考えられている。

航空自衛隊に配備されたF-35A戦闘機。短距離離陸・垂直着陸型のB型も導入される（写真:菊池雅之）

◆三文書で示された領域ごとの施策

宇宙空間	2027年までに、宇宙を利用して部隊行動に必要な基盤を提供するとともに、宇宙状況把握（SDA: Space Domain Awareness）能力を強化（ここでは「SDA」という言葉が用いられているが、意味としては本稿で解説した「SSA」と同義と考えてよいと思われる）。おおむね10年後までに、宇宙利用の多層化・冗長化や新たな能力の獲得等により、宇宙作戦能力をさらに強化。
	［主な事業］SDA衛星体制の強化、次期防衛通信衛星の整備、PATS（Protected Anti-jam Tactical SATCOM）、耐妨害型衛星通信)の実証、宇宙作戦指揮統制システムの整備、静止光学衛星の整備、GPS妨害に対する抗堪性強化、宇宙領域を活用した情報収集能力強化のための技術実証・研究、測位衛星の抗堪性強化の取り組み、衛星通信のインフラ整備等
サイバー	2027年までに、サイバー攻撃状況下においても、指揮統制能力および優先度の高い戦力発揮能力（装備品システム）を保全できる態勢を確立し、また防衛産業のサイバー防衛を支援できる態勢を確立。おおむね10年後までにサイバー攻撃状況下において、指揮統制能力、戦力発揮能力、作戦基盤を保全し、任務を遂行できる態勢を確立しつつ、自衛隊以外へのサイバー・セキュリティを支援できる態勢を強化。
	［主な事業］全システムに対する常時継続的なリスク評価・セキュリティ対策、クラウド基盤の整備、サイバー防護機材の機能強化、サイバー要員の育成・研究基盤の強化。サイバー専門部隊の体制拡充、サイバー関連業務に従事する要員への教育とサイバー要員化
電磁波	2027年までに、すでに着手している取得・能力向上事業等を加速し、相手方の指揮統制能力の低下につながる通信・レーダー妨害機能を強化。また、小型無人機等に対する指向性エネルギー技術の早期装備化。おおむね10年後までに優れた電子戦能力を有するアセットを着実に整備するとともに、指向性エネルギーによる無人機対処能力を強化。
	［主な事業］ネットワーク電子戦システム、艦艇用リフレクタデコイ弾、F-35A/B、高出力マイクロ波照射装置、車両搭載型高出力レーザー装置、スタンド・オフ電子戦機の取得。F-15の能力向上改修
そのほか	2027年までに、すでに着手している取得・能力向上事業等を加速し、領域横断作戦の基本となる陸海空領域の能力を着実に強化。おおむね10年後までに先進的な技術を積極的に活用し、陸海空のアセットを着実に整備するとともに、無人機と連携する高度な運用能力を強化。
	［主な事業］次期装輪装甲車、16式機動戦闘車、護衛艦FFM、哨戒機P-1、潜水艦、哨戒ヘリSH-60L、補給艦、哨戒艦、F-35A、F-35B、F-15能力向上、UH-60J、F-2能力向上、スタンド・オフ電子戦機の取得

第5章

指揮統制・情報関連機能

「叩きたい相手」と「叩く手段」をマッチングさせる

解説：井上孝司

1 領域横断作戦に不可欠な機能

■いわんとすることはわかるが…

防衛省は防衛白書に関連して、領域横断作戦に関する解説をWEBサイト上で公開している［※1］。いわく、「宇宙・サイバー・電磁波といった新たな領域を活用して攻撃を阻止・排除することが不可欠」、「新たな領域における能力と陸・海・空という従来の領域の能力を有機的に融合した領域横断作戦が死活的に重要」、「相乗効果により全体としての能力を増幅させるものである」、「個別の領域における能力劣勢を克服して、全体として優位に立ち、わが国の防衛を全うすることが可能となる」――御説ごもっとも、だが「死活的に重要」と言っているわりには、安全保障関連三文書まで目を通してみても「相乗効果」を発揮させる手段に関する言及が乏しいと筆者は感じている。

三文書では七つの重視分野のひとつとして、「指揮統制・情報関連機能」の強化を挙げている。本章では、前章で解説した領域横断作戦の実施に不可欠となる、これら機能について見ていきたい。

■相乗効果を発揮させるためには

そもそも、複数の戦闘空間同士で相乗効果を発揮させるためには、何が必要なのだろうか？　第四章でも解説したように「領域横断防衛能力」と題して陸・海・空・宇宙・サイバー・電子戦といった領域を挙げているが、並べるだけでは横断にならない。「相乗効果」というからには「隣は何をする人ぞ」では仕事にならない。そこで重要になるのが、組織作りと指揮系統、そして情報基盤である。

※1：令和元年度防衛白書〈解説〉領域横断作戦について
（http://www.clearing.mod.go.jp/hakusho_data/2019/html/nc008000.html）

①組織作りと指揮系統

かつては、太平洋戦争における日本がそうだったように、陸軍と海軍がそれぞれの指揮官を立てて、同じ場所で、同じ目標に対して任務を遂行する際には「協定」を結んで対応していた。しかし、これでは指揮系統や責任の所在がハッキリしない。

この問題を解決した一例が、冷戦後期にアメリカ議会が制定した「ゴールドウォーター・ニコラス軍改革法」。今でもアメリカ軍は、この法律のもとで定められた枠組みに基づいて指揮系統を組み立てている。

それはどういうものか？ 世界を複数のエリア（戦域）に分けて、それぞれに「統合軍」を置く。たとえば日本は「インド太平洋軍」の担任地域に入っている。そして統合軍司令官は、担任地域内のすべての軍種を指揮下に置く。本稿を執筆している二〇二三年五月現在、インド太平洋軍の司令官はジョン・アキリーノ海軍大将だが、海軍だけを指揮しているわけではなく、陸軍も空軍も海兵隊も指揮下に置いている。

わが国では二〇〇六年三月に「統合幕僚監部」が発足した。これはまさに、陸海空自衛隊を一体的に運用する目的で設置された機関だ。そこの制服組のボスとなるのが統合幕僚長。これらは、アメリカでいうところの統合参謀本部と統合参謀本部議長に相当する。ただし、アメリカでは「統合参謀本部議長は大統領や国防長官に対する軍事面の補佐役」であり、実際の作戦行動の指揮を執るのは地域ごとの統合軍司令官、と明確に役割を分けている。それに対して、わが国ではどちらも統合幕僚長の機能として併存している。

◆アメリカ軍の指揮統制組織

アメリカ軍は、1986年制定のゴールドウォーター・ニコラス軍改革法に基づき、地球上を6つのエリア（戦域）に分け、それぞれのエリアの陸海空・海兵隊・宇宙軍すべてを一元的に指揮する「統合軍」司令部を置いている。下の表では例としてインド太平洋軍の構成を詳しく記した。

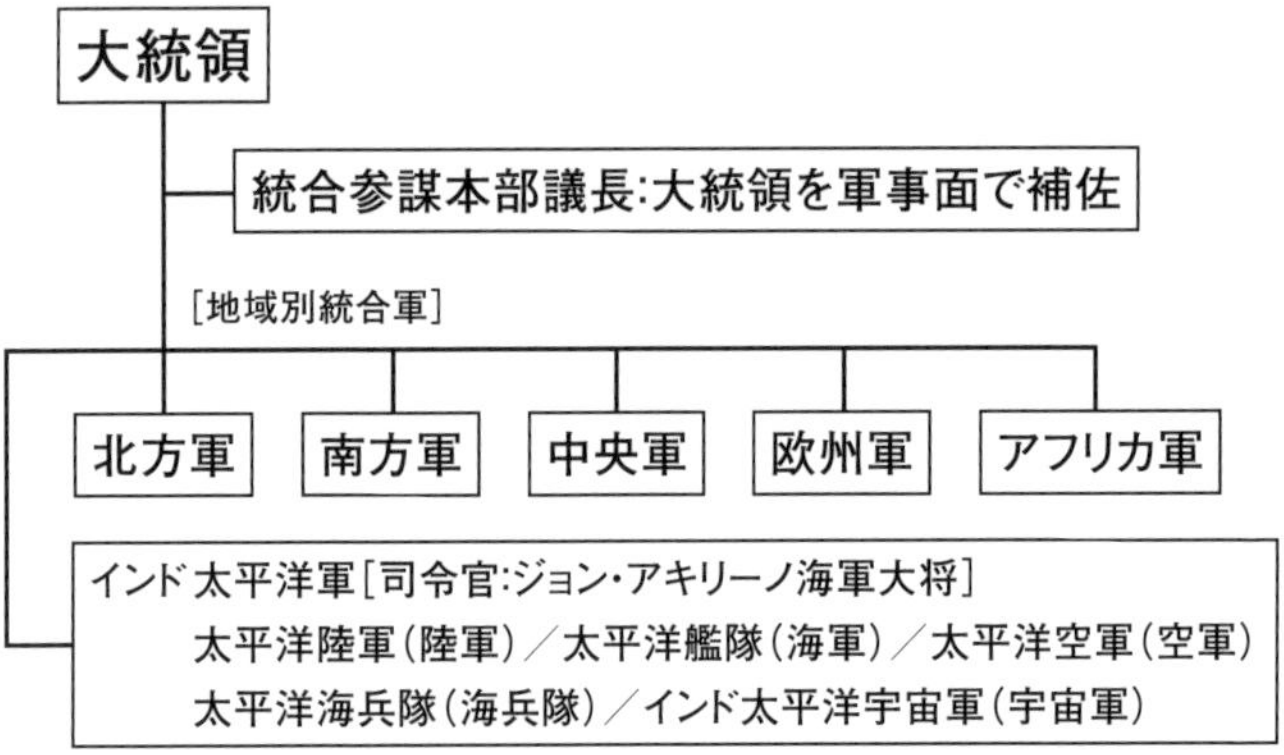

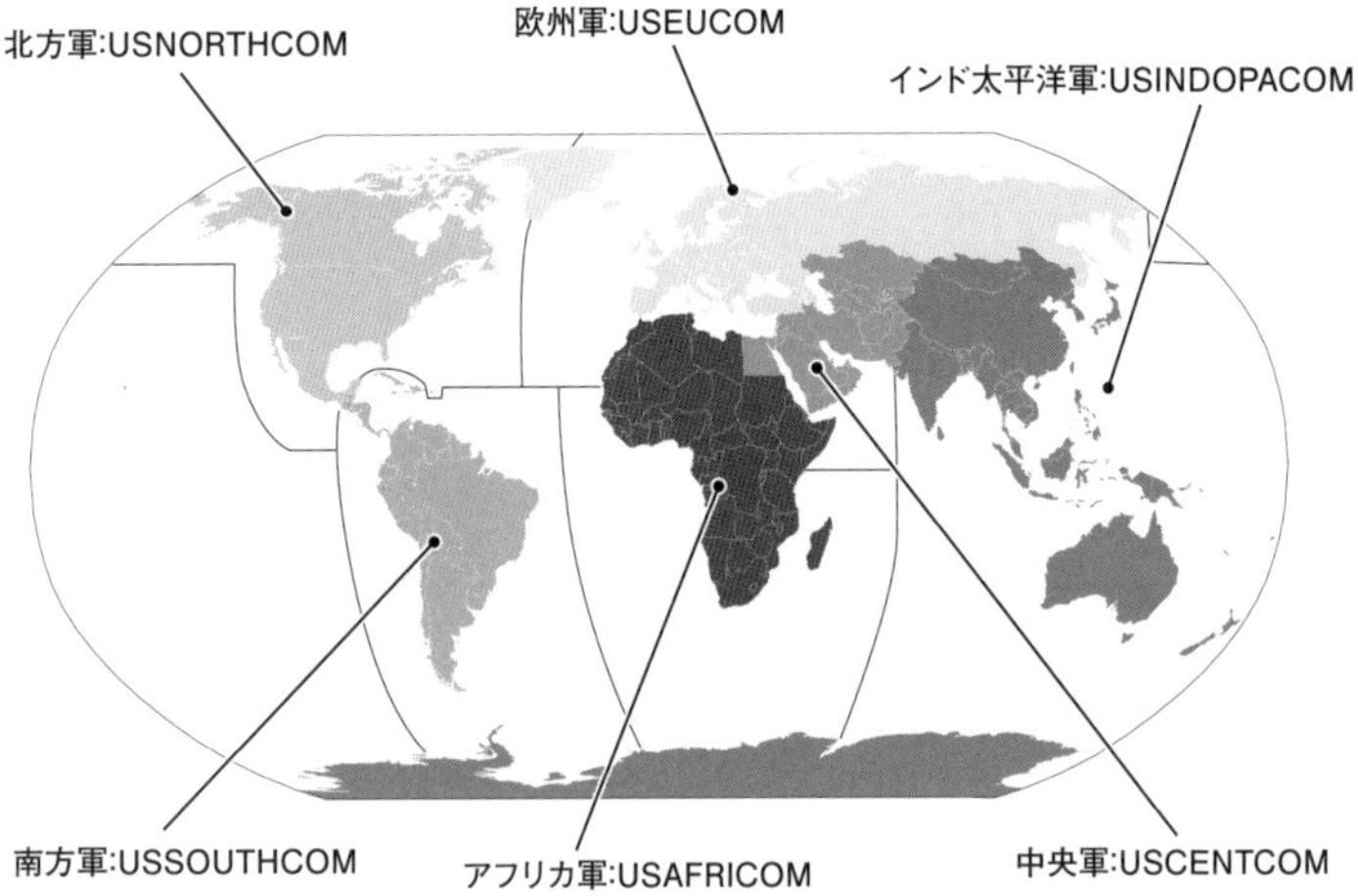

ともあれ、このように「ひとりの指揮官が、すべての軍種、すべての戦闘空間を一括して指揮する」組織を作らなければ、領域横断も何もあったものではない。それが、組織作りと指揮系統の問題である。

②情報基盤

もうひとつの「情報基盤」とは何か。組織だけ作っても、実際に司令官に情報や報告を上げたり、司令官が命令を下達したりする手段がなければ画餅と化す。昔なら、それは紙の書類や電話でやっていたが、今はそれがコンピュータとデータ通信網の上で動く。つまり、司令官が任務を果たすために必要な「どこで何が起きているか、という状況の把握」、「それに基づいた意思決定」、「意志を実現するための命令下達」を実現するコンピュータ・システムとネットワークを構築する必要がある。

自衛隊でも、すでに陸海空それぞれ個別には、こうしたシステムを構築している。しかし、それでは複数の領域にまたがる状況の把握ができない。異なる戦闘空間同士を連携させて相乗効果を発揮させようというのであれば、情報基盤は異なる戦闘空間にまたがったものでなければならない。

司令官の目の前に、すべての戦闘空間で何が起きているのかを提示できなければならない。

2 JADC2 統合全領域指揮統制

■アメリカ軍が推進する戦闘概念

すべての戦闘空間を一元的にカバーする情報基盤を構築することで初めて、全体状況を俯瞰的に眺めつつ、迅速に意思決定できる土台ができあがる。実は、アメリカ軍が打ち出している「統合全領域指揮統制（JADC2：Joint All Domain Command and Control）」が、まさにそれを概念化したものだ。

戦闘空間ごとに閉じたかたちで任務を遂行する場合、同じ戦闘空間に属する戦力同士で交戦することになる。敵の地上軍に対しては我の地上軍、敵の艦隊に対しては我の艦隊、敵の航空機に対しては我の航空機……しかし、果たして同じ戦闘空間に属する者同士で交戦するのが最善なのか？ もしかすると、異なる戦闘空間に属する手段を用いるほうが良い場面もあるのではないか？

JADC2について、アメリカ軍がおもしろい喩えをしている。ライドシェア・サービスである「ウーバー」では、スマートフォンにインストールしたアプリを介して、ドライバーと利用者の位置を把握する。そして、利用者が「○○から△△に行きたい」とリクエストすると、ウーバーのシステムは当該利用者からもっとも近いところにいるドライバーに対して指示を出す。こうして「乗せたい人」と「乗りたい人」をマッチングさせているわけだ。

ではJADC2ではどうか。現代の軍事組織は、陸海空・宇宙・サイバー・電子戦といった戦闘空間ごとに、それぞれさまざまな装備や人員、それらを構成する組織を配している。そこで、味方の所在や状況をリアルタイムで把握するとともに、敵の所在や状況についてもさまざまな探知手段を駆使してリアルタイムで把握する。そして、もっとも都合が良い場所にいて、かつ敵軍との交戦に有用と考えられる味方部隊を見つけ出して、交戦を指示する。こうすることで、「叩きたい相手」と「叩く手段」をマッチングさせる。

この際に重要なのは、同じ戦闘空間に属するもの同士をぶつけるとは限らないことだ。地上軍が来たから地上軍で叩くとは限らないし、艦艇が来たから艦艇で叩くとは限らない。「もっとも有効」で「もっとも都合のいい場所にいる」という条件を満たしていれば、あらゆる選択肢を俎上に載せる。

■具体例を考えてみる

もうちょっと具体的な例を挙げてみる。わが国の領土である島嶼のなかに、「敵国が戦争目的を達する際に〝目の上のたんこぶ〟になりそうな位置を占めているものがある」との状況を仮定する。すると有事の際には、敵軍がその島嶼の占領を企てる可能性が考えられよう。島を占領するには地上軍を送り込む必要があるが、海に囲まれた島が相手では、海ないし空からの攻略が必要になる。となった時点で、すでに戦闘空間が陸・海・空にまたがることになる。

すると、空挺部隊を輸送機に載せて送り込むのであれば、発進拠点となる飛行場に輸送機と空挺部隊が集結するはずだ。上陸部隊を揚陸艦で送り込むのであれば、発進拠点となる港に揚陸艦と護衛の水上艦、そして上陸部隊が集結するはずだ。その模様は偵察衛星で捉えられるかもしれない――ここで「宇宙」が関わってくる。

空中の輸送機にしろ、洋上の揚陸艦にしろ、いったん発進すればレーダーなどの手段で探知できる

攻撃目標と最適の攻撃手段をマッチング

アメリカ軍は、すべての戦闘空間を一元的にカバーする情報基盤を構築し、指揮官が迅速に意思決定できる土台を作ろうとしている。その概念が「統合全領域指揮統制（JADC2）」である。これはライドシェア・サービスに喩えられる。

「乗りたい客」と
「最適なタクシー」をマッチング

たとえば、航空基地を破壊するため、
敵が攻撃部隊を繰り出してきたとき……。

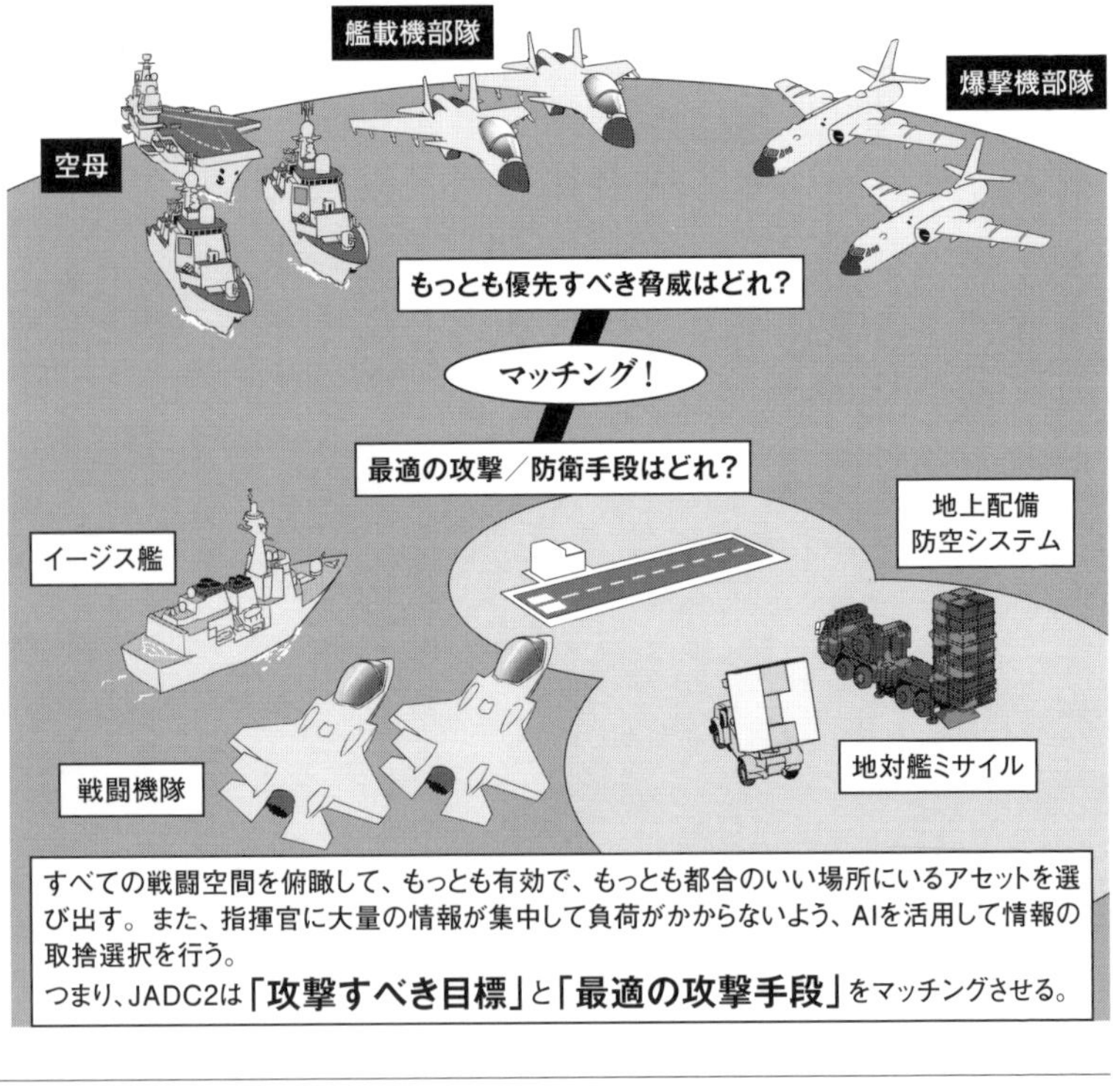
艦載機部隊
爆撃機部隊
空母
もっとも優先すべき脅威はどれ？
マッチング！
最適の攻撃／防衛手段はどれ？
地上配備
防空システム
イージス艦
戦闘機隊
地対艦ミサイル

すべての戦闘空間を俯瞰して、もっとも有効で、もっとも都合のいい場所にいるアセットを選び出す。また、指揮官に大量の情報が集中して負荷がかからないよう、AIを活用して情報の取捨選択を行う。

つまり、JADC2は**「攻撃すべき目標」**と**「最適の攻撃手段」**をマッチングさせる。

可能性が出てくる。敵の来襲を探知したら、それを迎え撃たなければならない。防御側の立場から見ると、「何で迎え撃つか」という課題につながる。

なにも、航空機だから戦闘機で……とは限らない。地対空／艦対空ミサイルも選択肢になる。揚陸艦なら、水上艦や戦闘機が搭載する対艦ミサイルだけでなく、潜水艦という手もある。そのなかからどれを選ぶのが最適なのか、そもそも都合のいい場所に味方部隊はいるのか、という問題になってくる。

一方、敵軍の側は占領部隊を無事に送り込むために、こちらのレーダーや通信に対して電波妨害を仕掛けたり、指揮の要となるコンピュータ・システムを機能不全に陥らせようと試みるだろう。つまり「サイバー／電子戦」の領域である。我の側は、そうした攻撃の存在を、いち早く察知し、対抗手段を講じなければならない。

こういう話になったとき、個々の戦闘空間を担当する組織がそれぞれ別個に動いて、「隣は何をする人ぞ」となったのでは、的確な状況の把握はできない。もちろん、迅速な対処も、最適な対抗手段をぶつけるのも難しくなる。これが「すべての戦闘空間を一元的にカバーする情報基盤」が必要になる理由だ。

■人間がパンクしないようにAIで支援する

ただし、人間が扱える情報の量には限りがある。一度に大量の情報が押し寄せてきてパニックを起こしたのでは、仕事にならない。なるべく分かりやすいかたちで、かつ確実な情報を拾い出して、司令官に提示する必要がある。そこでＪＡＤＣ２では、ＡＩの活用を謳っている。

つまり、あらゆる戦闘空間から上がってきた大量の情報をＡＩに処理させて、「脅威となりそうなもの」を拾い出すとともに、「どれがもっとも大きな脅威になるか」という評価や、「どういう順番で殲滅する必要があるか」との優先順位付けを実施する。それを実現できるＡＩを育てるためには、これまで生身の人間が行っていた作業プロセスや、その際の思考をＡＩに学ばせる必要がある。

■わが国の動向は？

ここまで、領域横断作戦を遂行するための基盤としてアメリカ軍のＪＡＤＣ２について見てきたが、自衛隊ではどのような取り組みを考えているのだろうか。

公開されている次期防衛力整備計画を見ると、「新たに必要となる事業に係る契約額の内訳」に、「指揮統制・情報関連機能」という項目がある。金額の総計は一兆円で、そのうち「領域横断型の情報基盤」に関わりそうな案件としては、以下のものが挙げられる。

●将来指揮統制システム（〇・〇三兆円）
●リンク16やリンク22といった戦術データリンク（〇・〇七兆円）
●海自指揮統制共通基盤ＭＳＩＩ（クローズ系）関連（〇・〇三兆円）
●画像分析等におけるＡＩ機能の活用（〇・〇三兆円）

トータル一六〇〇億円というところであろうか。もっとも、戦術データリンクは交戦の「現場」で用いるものであるし、画像分析も情報基盤の構築に直接関わるものではない。海上自衛隊だけの指揮統制共通基盤は、名前を見る限り「領域横断」と言い難い。

すると、残るは「将来指揮統制システム」の〇・〇三兆円だけとなる。「指揮統制・情報関連機能」

として計上した金額の三%である。これですべての戦闘空間をカバーする情報基盤を作るのに充分なのか?

■既存のシステムを有効活用する解決策もある

もっとも、既存の情報基盤をすべてご破算にして、まっさらな状態から新たな情報基盤を構築し直すのは現実的ではない。ロッキード・マーティンが開発している指揮統制ソフトウェア「ダイヤモンド・シールド」のように、陸・海・空など個々の戦闘空間ごとにすでにある指揮統制基盤の上から「領域横断型の指揮統制基盤」という帽子を被せるほうが現実的かつ早期に実現できるだろう。

たまたま、筆者がメーカーの担当者から話を聞いたことがあるので「ダイヤモンド・シールド」を引き合いに出すが、このシステムは既存の指揮統制基盤からデータを受け取り、融合する。つまり、陸・海・空の指揮統制基盤がそれぞれ別個にあるならば、それぞれのデータを上げてもらい、重ね合わせるかたちで「陸海空にまたがる状況把握」を実現する。ひとつの画面のなかに、地上軍も艦艇も航空機も、みんな現れる。他の戦闘空間が加わった場合にも、考え方は変わらない。

それをもとにして司令官が意思決定し、命令を下達する段階になったら、今度は陸・海・空の指揮統制基盤に命令を下すわけだ。この場合は流れが逆になる。

■相乗効果を発揮させる仕組み——状況認識・指揮統制基盤

大事なことだから繰り返し書いておきたい。さまざまな戦闘空間における能力・装備を揃えるだけでは領域横断作戦にはならない。それらを連携させて相乗効果を発揮させる仕組みを作って、それで初めて領域横断作戦は成立する。

公開されている三文書を見る限りでは、「異なる戦闘空間同士を連携させることの有用性」に言及してはいるものの、それを実現するための施策が手薄という印象を受ける。センシティブな話だから公開される文書では触れていない、という可能性も否定はできない。だが、それでは「異なる戦闘空間同士を連携させる通信・指揮統制基盤作り」に対する予算配分が乏しいこととの整合がとれない。

「モノを買う」「それを扱う隊員の術力を高める」ことは、もちろん重要である。しかし、そのモノや技術力を、いかにして「正しい目標に対して」「正しいタイミングで」「正しいやり方で」使い、武力紛争の勝利につなげていくか。これもまた重要な話であり、それを具現化する手段こそが状況認識・指揮統制基盤である。同時に、手持ちの貴重な戦力をいかにしてすり減らさずに活用するか、ということも考えていかなければならない。

また、インフラを整えるだけでなく、それを実際に使って演練を重ねることも、将来の状況の変化に合わせてインフラや考え方をアップデートしていくことも重要である。ある時点における「勝利の公式」は、未来永劫に渡って有効なものではない。つねに「現在の状況下では、どうするのが最善か」を追求する姿勢が求められる。わが国の朝野では往々にして、「こうやったらうまくいったから、次も同じやり方でよい」といって同じ打ち手を繰り返す傾向が見られるだけに、尚更である。

相乗効果を発揮させる仕組み

さまざまな戦闘空間における能力·装備を揃えるだけでは領域横断作戦にならない。
それらを連携させ、相乗効果を発揮させる仕組みが必要。

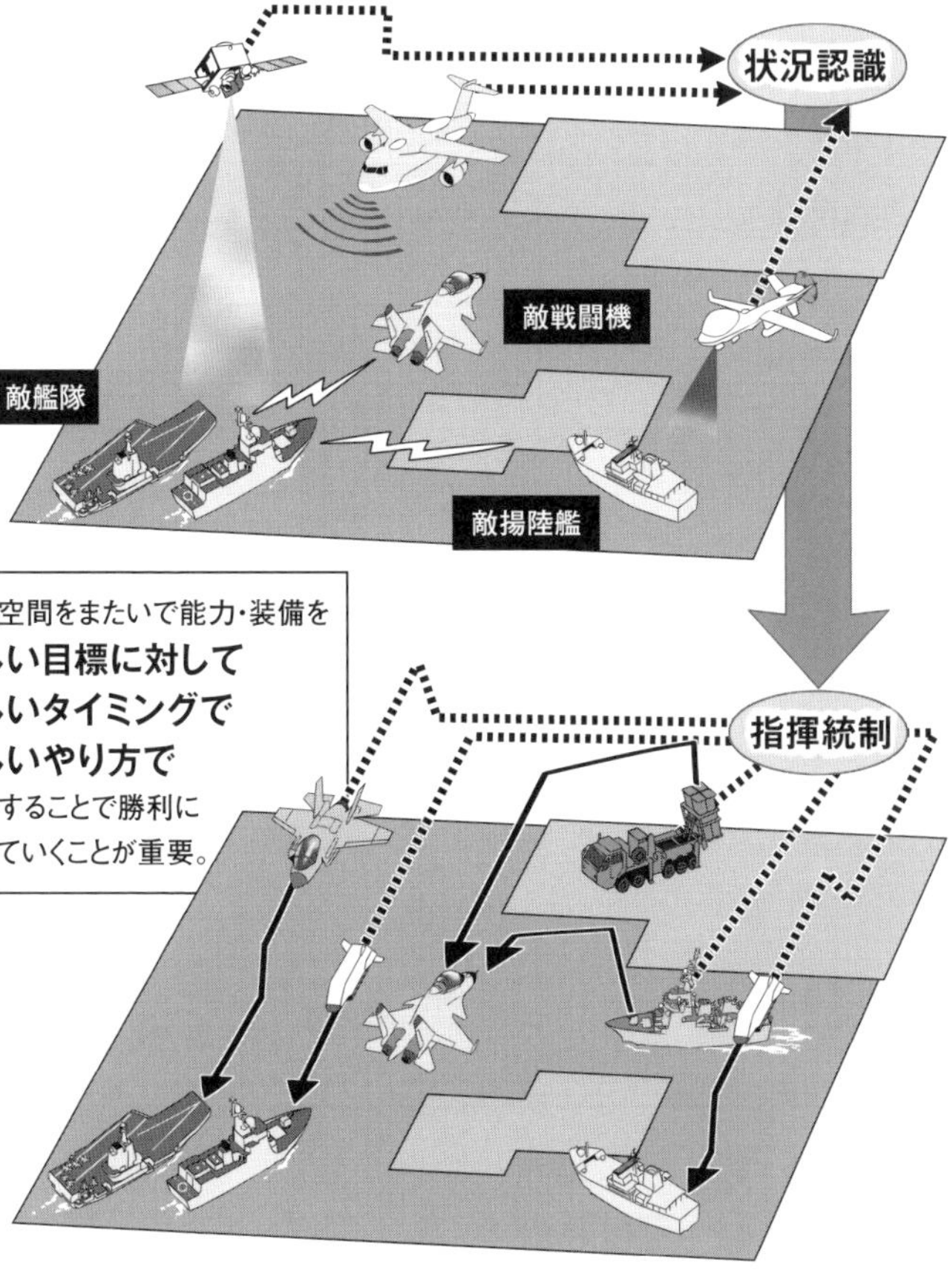

戦闘空間をまたいで能力·装備を
正しい目標に対して
正しいタイミングで
正しいやり方で
投入することで勝利に
繋げていくことが重要。

これを具現化するのが**状況認識·指揮統制基盤**である。

◆統合司令部の新設

指揮系統の組織作りに関して、令和6年度（2024年）の概算要求で防衛省は240名規模の「統合司令部」を新設するとの案を盛り込んだ。

前述の通り、現在は統合幕僚長が防衛大臣に対する補佐と統合作戦指揮の双方を受け持つ仕組みとなっているが、この計画では、統合作戦指揮を統合司令部／統合司令官に担わせる。これは、とりわけ平時と有事の差が少ないサイバー・電子戦のような分野における効率的な指揮を企図したものだと説明されている。

ただし、本文でも繰り返し述べているように、単に組織を作るだけでなく、組織が任務を果たすためのシステム作りや、その土台となる思想・指針の明確化も不可欠であろう。

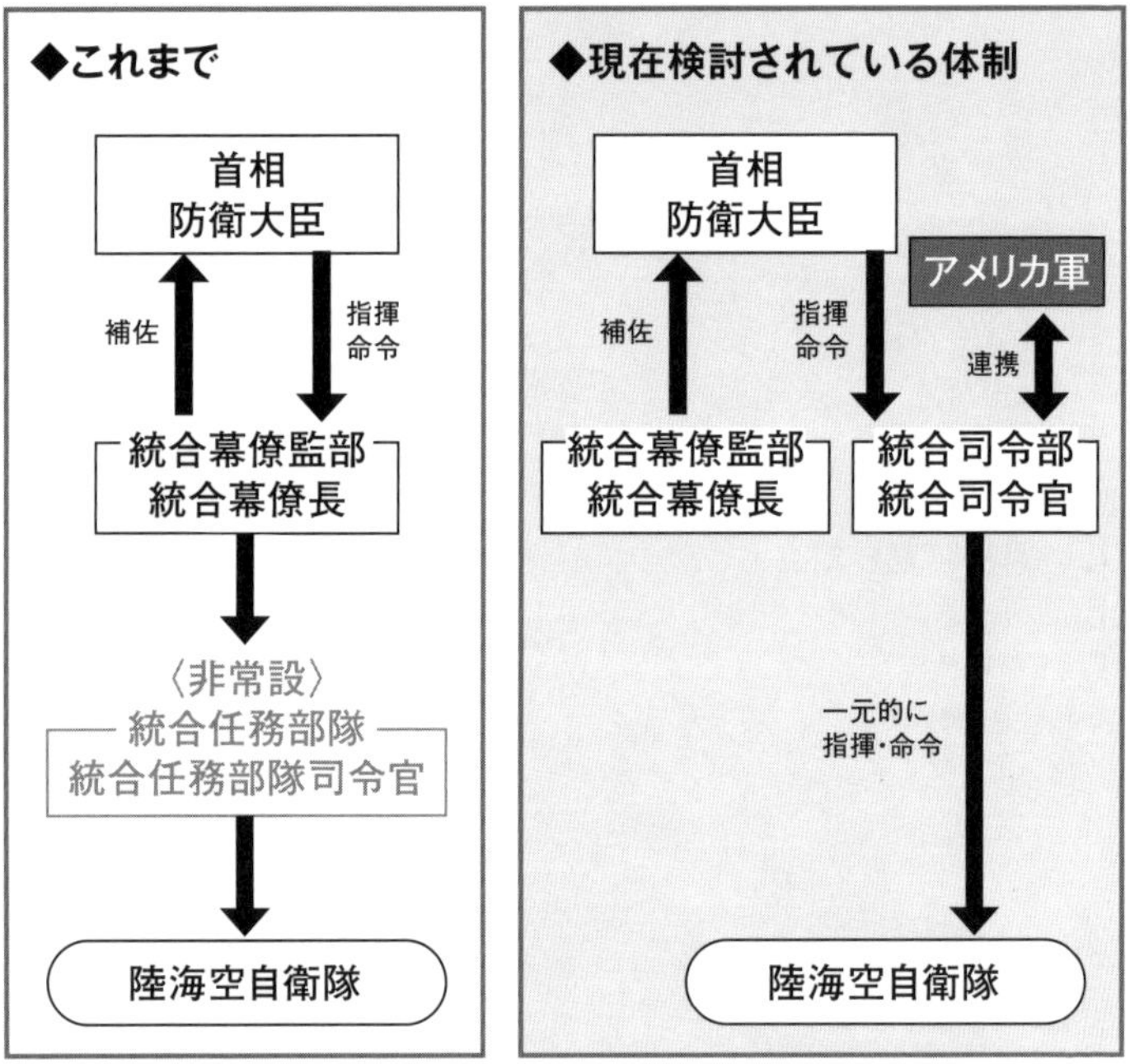

〈統合司令部／司令官の役割〉

これまでは統合幕僚長が防衛大臣の補佐と統合作戦指揮の双方を受け持っていた。また、必要な場合には陸海空部隊を一元的に指揮する「統合任務部隊」を設置することになっていた。たとえば東日本大震災の救援活動では、陸上自衛隊東北方面総監を司令官とする統合任務部隊が編成され、陸海空の救援部隊を指揮した。

第6章

機動展開能力・国民保護

東西約一〇〇〇キロメートル、南西諸島への展開を支える輸送力

解説：稲葉義泰

1 輸送能力の強化

■海を越えた移動

南西諸島に位置する島嶼部に敵が侵攻してくることが予想される場合、防衛が必要となる島々に自衛隊の部隊を速やかに輸送しなければならない。それと同時に、もしそこが有人島である場合には、住民の避難を行う必要が出てくる。こうした問題を解決するべく、打ち出されたのが「機動展開能力・国民保護」の強化である。

南西諸島での有事を見据えた場合、自衛隊の輸送能力強化は必要不可欠となる。なぜなら、南西諸島は陸地でつながっているわけではなく、部隊を展開させるためには海を越えなければならないという地理的な問題があるためだ。そこで、国家防衛戦略および防衛力整備計画では、輸送船舶、輸送機、空中給油・輸送機、輸送・多用途ヘリコプターといった装備品の導入を進めるほか、車両やコンテナなどを輸送する大型船舶を、民間資金等活用事業（ＰＦＩ）を通して民間より調達することとしている。

①輸送船舶［陸・海］

自衛隊では、部隊を輸送するための艦艇が不足している。輸送を専門に行う海上自衛隊の大型艦艇としてはわずかに「おおすみ」型輸送艦が三隻あるのみで、とくに航空機で運ぶことができない戦車など大型車両の輸送を考えると心許ない。そこで、本土と島嶼部を結ぶための輸送船舶を増勢する方針が示された。

自衛隊では、今後一〇年間で本土と島嶼部とを結ぶ中型級船舶（ＬＳＴ）を二隻、港湾機能が充実していない島嶼部への輸送を行う小型級船舶（ＬＣＵ）を六隻、さらに浜辺などにも直接部隊を上陸させられる機動舟艇を導入する。また、これらを運用する部隊として、二〇二四年度末をめどに「自衛隊海上輸送群」を新編する。自衛隊海上輸送群は、陸上自衛隊と海上自衛隊を中心とする三自衛隊共同部隊となる予定で、船舶の運用に陸上自衛隊員も加わることから、二〇一九年から海上自衛隊での要員教育がスタートしている。

②輸送機［空］

迅速な部隊展開のためには、やはり輸送機の存在が必要不可欠である。そこで、現在航空自衛隊で運用が行われている国産のＣ－２輸送機を、今後一〇年間で六機調達することが決定された。Ｃ－２輸送機は、それまで運用されてきたＣ－１輸送機の後継機で、二〇一七年から部隊での運用が開始された。Ｃ－１と比較した場合、長大な航続距離と大きな搭載量が特徴で、陸上自衛隊の16式機動戦闘車を輸送することも可能となっている。

③空中給油・輸送機［空］

航空機が作戦空域でより長時間活動するため、空中給油機による支援が不可欠である。また、戦闘地域に近い航空基地は敵の攻撃に晒されるおそれがあり、これを避けて離れた基地を利用することも想定されるため、重要性はさらに高まる。さらに、単に給油だけでなく、機内のスペースを利用した人員や貨物の輸送も行える機体があれば、とても具合が良い。

航空自衛隊では現時点でKC－767空中給油・輸送機を四機運用している。また、国産のC－1輸送機を補完するため導入された一六機のC－130H輸送機のうち、三機を空中給油型（KC－130H）に改修し、さらにアメリカのボーイング社が開発した最新鋭の空中給油・輸送機KC－46Aも六機購入して、現在までに二機が引き渡されている。

今後はこれらに加え、一〇年間でさらに一三機の空中給油・輸送機が追加導入されることが決定された。防衛力整備計画によると、導入されるのは「KC－46A等」とされており、KC－46A以外の機体も導入される可能性がある。たとえば、先述したKC－130Hと同系統の新型機であるKC－130Jなどが考えられるが、詳細は今後明らかとなっていくだろう。

④輸送・多用途ヘリコプター【陸】

島嶼部への部隊展開では、たしかに輸送機も重要だが、これでは空港がある島にしか部隊を送り込むことができない。そこで、比較的小さな島にも部隊を輸送可能なヘリコプターの重要性が高まってくる。

防衛力整備計画では、陸上自衛隊の大型輸送ヘリコプターCH－47J／JAを増勢する方針が示された。すでに五〇機が運用されているが、今後一〇年で三四機導入する計画だ。すでに運用している機体の老朽化による置き換えも想定されるため、純増というわけにはいかないが、これまでにない規模の拡充であることは確かだ。

また、多用途ヘリコプターとして二〇二二年に陸上自衛隊への配備が開始されたばかりのUH－2も、今後一〇年間で七七機が導入されることとなった。UH－2は、現在運用されているUH－1（二

機動展開能力を支える輸送力

海を越えての展開となる南西有事に備えて、三文書ではさまざまな輸送アセットを増勢する方針が示された。また、陸上自衛隊の部隊輸送のため、陸海共同部隊である「海上輸送群」が新編され、新たな輸送船舶が導入される。

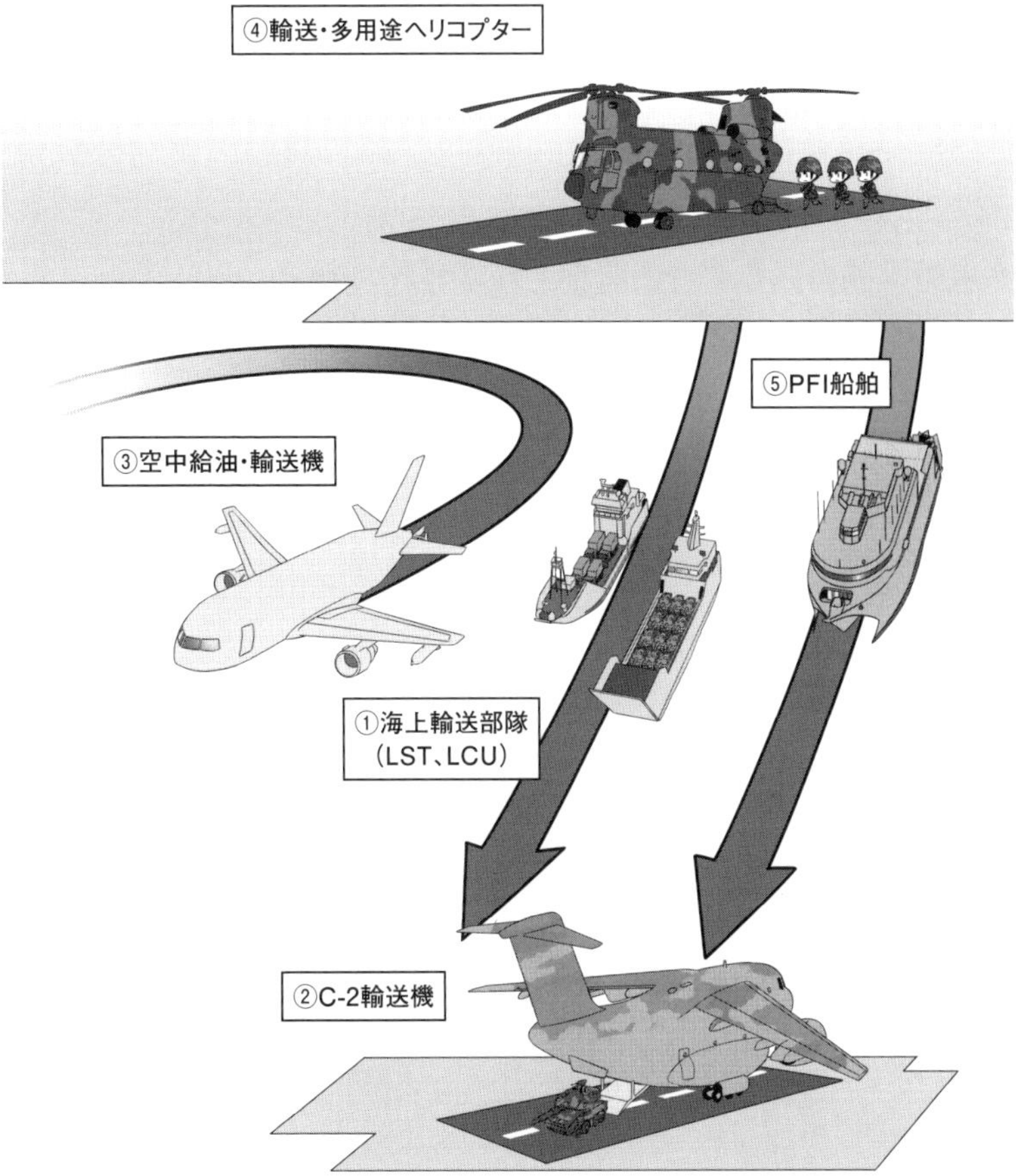

○二三年時点で一一二機保有）の後継であり、同機の導入にともないUH－1は順次退役が進むと思われる。UH－2は、洋上での安定した飛行や航続距離の増加など、機体性能の向上が図られている。

⑤PFI船舶

ここまで述べてきたのは自衛隊自身の装備品導入だが、二〇二七年度を目途に民間船舶による輸送能力強化の方針も示されている。それが、「民間資金等活用事業（PFI）」に基づく民間フェリーの活用だ。PFIとは、公共事業において官公庁が自ら公共施設等を整備・運営するのではなく、民間の資金やノウハウを活用する仕組みであ

◆機動展開力強化のため増勢される輸送アセット

既存の輸送アセット		今後10年の新規・追加導入予定数	
輸送船舶［陸上自衛隊／海上自衛隊］			
おおすみ型輸送艦	3	中型級船舶（LST）	2
		小型級船舶（LSU）	6
		機動舟艇	3[a]
輸送機［航空自衛隊］			
C-1	6		
C-2	16	C-2	6
C-130H	13		
空中給油・輸送機［航空自衛隊］			
KC-767	4	「KC-46A等」	13
KC-130H	3		
KC-46A	2[b]		
輸送／多用途ヘリコプター［陸上自衛隊］			
CH-47J／JA	50	CH-47JA	34
UH-1	112		
UH-2	7	UH-2	77

a:令和6年度概算要求分　b:6機購入のうち引き渡し済み2機

り、身近なところでは公営病院やスポーツ施設などの例がある。

現在、自衛隊では「民間船舶の運航・管理事業」という名称で、フェリー会社や商社など八社が共同で設立した特別目的会社「高速マリントランスポート」と契約を結び、同社が運航する二隻のフェリー「ナッチャンｗｏｒｌｄ」と「はくおう」を訓練や大規模災害などに際して利用している。新型コロナウイルス感染症の流行が始まった二〇二〇年、「はくおう」が横浜港に入港し、豪華客船で発生した新型コロナの感染拡大に対応する自衛隊の災害派遣を支援したことは記憶に新しい。これら船舶は、有事には南西方面などへの部隊輸送に用いられることになる。

防衛力整備計画で明記されたＰＦＩ船舶の活用が、さらに新たな船舶の確保を意味するのか、あるいは現在の二隻の契約期間延長を意味しているのか判然としないが、令和５年度防衛予算では、「ＰＦＩ船舶の活用による統合輸送態勢の強化」として、ＰＦＩ船舶を使用した部隊・装備品等の輸送訓練および港湾入港検証を実施するための予算（六億円）が計上されている。

2 国民保護

■いかに住民を守るのか?

有事の際にもっとも重要となるのが、住民の保護（国民保護）だ。とくに南西諸島有事となれば、住民たちを離島から他の島や本土へと避難させねばならず、移送にかかる負担は陸続きの土地よりはるかに大きい。

そこで、防衛力整備計画では空港や港湾施設を強化し、自衛隊の装備あるいは民間の船舶や航空機を用いて住民を避難させる能力の向上が盛り込まれている。さらに、仮に島外への避難が難しい場合を想定し、住民用の避難シェルターの整備なども計画されている。

また、沖縄県に配置されている陸上自衛隊第15旅団に関して、国民保護活動などを実効的に行えるよう、普通科連隊を一個増設し、二個連隊体制とする予定だ。

第7章

持続性・強靭化

進化を続ける自衛隊だが、足腰の部分はどうだ?

解説:芦川 淳

1 屋台骨が揺らいでいた自衛隊

■腕っぷしは強いが…

令和を迎え、自衛隊は戦闘力のグレードアップが続いている。F－35やV－22に代表される外国製の最新装備だけでなく、国産装備についても新時代を彷彿とさせるものが次々と導入され、さらに水陸機動団など部隊の新編も続いている。この一〇年のあいだに自衛隊は、これまでの想像を超える能力向上を果たしたと言えるだろう。

しかし、その一方で未だ立ち遅れている分野がある。それが兵站である。とくに組織のサイズが大きな陸上自衛隊では、システマチックな後方支援体制を有する海上自衛隊や航空自衛隊と比較して、不充分な状態が続いている。陸上自衛隊では二〇〇〇年代初頭に旧来の後方支援隊の態勢を見直し、それまで補給物品ごとに編成されていた支援部隊を統合改編して、重整備専門の全般支援部隊と、戦闘部隊に帯同する直接支援部隊とに機能別の分類を敢行した。この改編で戦闘部隊に寄り添うサポートが可能となったのだが、支援の「枝」が増えたことで態勢の希薄化を招いてしまうという負の面も現れた。

また、そもそもの発想が少ない資源を効率的に運用しようとするものであり、補給物品や燃料、弾薬などの総量が大きく増加したわけではない。恒常的な予算不足から生じるモノ不足は、装備の母数が大きな陸上自衛隊にとり、創隊以来から続く頭の痛い問題だ。そして、故障した装備の修理もままならないという状態に少子化による要員不足が加わると、結果として部隊の稼働率が低下するという、重大な問題に直面することになった。

自衛隊の装備品維持に関わる整備費は、ここ数年は年間では約八〇〇〇億円台で推移してきた。この数字は、平成中～後期にかけての約六〇〇〇～七〇〇〇億円台から見れば、微増を果たしているものの、末端ではカツカツの状態だ。ましてや、装備品も駐屯地も数が多い陸上自衛隊は、その煽りを大きく受けてしまう。これはもはや資源枯渇と呼んでもよく、現場部隊はそうした環境のなかで新型装備の慣熟と戦力化に勤しみ、あわせて旧来装備も大切に使い続けるという努力を強いられてきた。

■変化に取り残されてきた末端部隊

筆者は陸上総隊など新設部隊が発足される現場を数多く目にしてきたが、そうした部隊は防衛政策の目玉として登場しただけあって、つねに真新しいピカピカの新庁舎

演習場内を移動する106㎜無反動砲搭載の小型トラック。車両も火器もベースは第二次世界大戦中のものだ。ほんの20年前まではこうしたアナクロな装備品が生き残っていた（写真：芦川淳）

や装備品に囲まれていた。しかし、たいていの予算は一点豪華主義的に投じられるもので、見栄えの良さの裏では、末端部隊から枯れ果てていたというのが現実だ。地方部隊を巡ると、昭和末期はおろか、戦後の駐留米軍時代から生き永らえたような建屋がまだまだ数多く残っているし、第二次世界大戦中に開発されたアメリカ製の火砲が二〇一〇年頃まで現役で頑張っていたほどであった。

二〇一一年の東日本大震災のあとには、航空団司令部や師団司令部といった戦闘正面に関わる施設について、耐震化を目的とした改修が進められた。古い庁舎に耐震化工事の手が入ると同時に、あまりにも老朽化した建物は取り壊され、機能的にも優れた建屋の建設が進んだのだが、これはいわば緊急性を要する応急措置のようなものであり、永続的なものではなかった。

正面装備と比較してなかなか更新が進まない後方の物品。演習場内の廠舎（宿舎）などはいまだにオンボロなところが多く、装備されるマットレスなどもシミだらけの骨董品（写真:芦川淳）

2　攻撃に耐え、戦い続けられる自衛隊へ

■維持整備予算が倍以上に

こうした現状を打破すべく、三文書では「持続性」の強化と「強靭化」が掲げられ、令和5年度の防衛費から、装備品維持整備費や施設整備費、弾薬の整備費の大幅なベースアップが図られた。

これは、腕力（戦闘力）や頭脳・視力（指揮能力）の向上に努めてきた自衛隊が、これまでなかなか実現できなかった「足腰」の強化にも力を入れ始めたものと考えていいだろう。創隊以来、自衛隊はとかく頭デッカチな成長を続けてきたわけだが、今般の防衛費倍増のトレンドが、ようやく高いバランスをもった部隊整備や能力向上の道筋をつけたのである。

ちなみに装備品の維持整備費は令和元年度の実績では約八九五三億円。この数字から活動経費としての修理費を割り出すと約一七一六億円、教育訓練費にいたっては二八〇億円ほどしかない。世界でも有数の規模や能力を持つ自衛隊は、その維持にも相応のコストを要するのは当然のことだと思うのだが、昭和時代と同様の正面装備の取得や、デジタル化にかかる経費が多すぎて、原資の配分がアンバランスになっていた。

これに対して令和5年度の防衛費では、装備品の維持整備費は約二兆三五五億円と倍以上に拡大し、令和6年度予算案ではさらに積み増した。同時に、弾薬の整備費も従来の二〇〇〇億円前後の数字から、実に四倍近い約八二八三億円（令和5年度）へと大きくベースアップした。これまで捨て置かれ

新しい酒は新たしい革袋に……近年、新設・新編された部隊の司令部庁舎は、しっかとした造りのものが用意されるようになった。併せて旧来の施設の更新も推進してほしいところだ（写真:芦川淳）

本年6月から建設がスタートした陸上自衛隊佐賀駐屯地。来年度中には新庁舎がお目見えし、やがて、現在は木更津駐屯地に仮置きされているV-22部隊がここへ移駐することになる（写真:芦川淳）

た感のあった施設整備についても、従来の三倍に達する約五〇四九億円が計上されたことは、まことに喜ばしいことだと言えるだろう。

■インフラ基盤の強化

この強靭化の中身について、まず狙いの一つとして挙がっているのが、インフラ基盤の強化だ。これは自衛隊が利用する飛行場や港湾などを新設・拡張するもので、具体例としては佐賀空港に隣接した航空基地施設、そして佐世保の崎辺分屯地に隣接したエリアでの施設整備が俎上に挙がっている。前者は陸上自衛隊のV－22の配備基地として新設される佐賀駐屯地（仮称）であり、以前から続いていた土地収用の問題がようやく決着したことを受けて、本年（二〇二三年）六月から建設工事が開始された。

また後者は、二〇二一年にアメリカ軍から返還を受けた佐世保市の崎辺地区を自衛隊が使用できるように拡張工事を行うものだ。この周辺には海上自衛隊と陸上自衛隊の基地施設が置かれているが、アメリカ軍施設によって東西に分断されていた。今後は自衛隊の艦船が係留できる大型の埠頭が設置されるという。

こうした自衛隊インフラの整備は今後も急ピッチで進むと予想されており、航空自衛隊へのF－35B配備にともなう新田原《にゅうたばる》基地（宮崎県）の施設拡充のほか、九州から先島諸島にかけての海域には防衛省だけでなく他省庁との連携によるデュアルユース（軍民共用）の港湾施設の整備が計画されているという。また、先に平成後期における自衛隊施設の耐震化工事について触れたが、近い将来に予想される南海トラフ地震や首都直下型大規模震災に対する備えとして、より根本的な耐震化も進められる予定だ。

震災時には、自衛隊施設は災害派遣の拠点となり、被災民の収容や避難、さらには支援物資の集積地となるため、機能保全が重要である。

当然ながら、有事への備えとしても自衛隊施設の強靭化は避けては通れない。専守防衛のわが国では敵の侵略による初撃において壊滅的な打撃を被ることは、反撃に転じるためにも許されない。そこで、あらかじめ攻撃を受けることを想定して重要な施設を地下化するなど抗堪性の確保に注力するわけだ。現在でも師団司令部の作戦室のような指揮中枢については地下に設置されるなど、ある程度の防護は施されている。しかし、武器庫や弾薬庫、燃料施設といった重要度の高いものでも、多くは裸に近いままだ。

さすがに弾薬庫などは、そもそもが防爆設計のため堅牢な造りにはなっているが、近年注目されている自爆ドローンのような、上空からの攻撃には弱いままである。また、司令部庁舎のなかには一般道からフェンス越しに丸見えになっているような施設もあって、単純なテロ行為でも大きな被害を受けそうなところもある。今後、陸海空の各基地機能のうち、重要度や優先度の高いものから防護壁の設置や安全な区域への移設などが進められることが期待される。

■備蓄弾薬の大幅増

有事の対応力という点では、自衛隊の保有する弾薬の備蓄量も忘れてはならない。これまでも航空自衛隊の戦闘機が搭載する即応用の弾薬や、海上自衛隊の艦艇が搭載するミサイル類の不足が指摘されてきた。そのレベルは、全力出撃×二回が限度と言われ、装備品の優秀さとは裏腹に心許ないものとなっていた。米ソ冷戦時代をひきずったままの陸上自衛隊は、全保有弾薬の六〜七割が北海道に偏

自衛隊の「足腰」を強化する

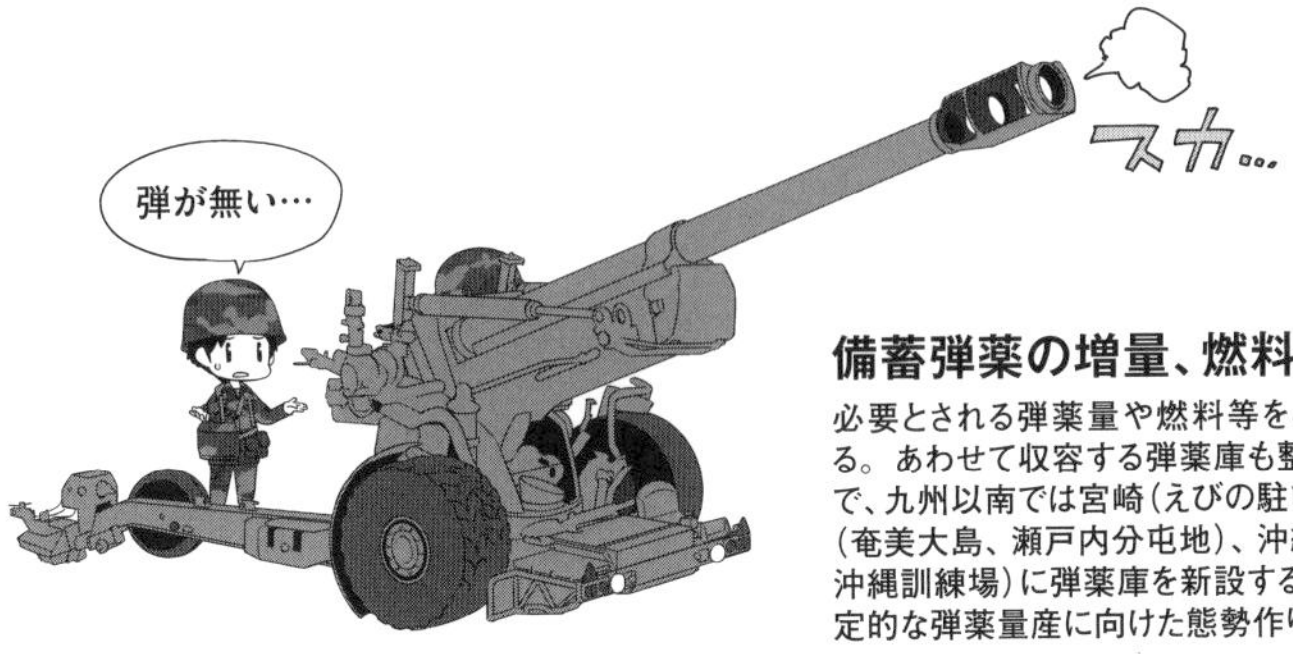

備蓄弾薬の増量、燃料の確保

必要とされる弾薬量や燃料等を早期に確保する。あわせて収容する弾薬庫も整備される計画で、九州以南では宮崎（えびの駐屯地）、鹿児島（奄美大島、瀬戸内分屯地）、沖縄（沖縄本島、沖縄訓練場）に弾薬庫を新設する予定。また安定的な弾薬量産に向けた態勢作りも行われる。

装備品の稼働率向上

これまで部品不足による「共食い整備」や、稼働率の低下が問題となっていた。令和5年度予算では、装備品の維持整備費が、これまでの約8000億円から2兆355億円へと大幅にベースアップを果たした。

インフラ基盤の強化

機動展開の足掛かりとなる自衛隊が利用する飛行場や港湾を新設・拡張する。九州から先島諸島にかけては、防衛省だけでなく他省庁と連携したデュアルユースの港湾整備が計画されているようだ。また、主要司令部等の地下化や構造強化、戦闘機用の掩体の設置など、敵の初撃に耐えうる施設の整備が進められる。

在しているといわれ、南西諸島有事の際には兵站が崩壊しかねないと危惧されている。

これに対する備えとしては弾薬備蓄量全体の増加と、それを収容する弾薬庫の整備がセットで実施されなければならない。先にも触れたように弾薬整備費は令和五年度予算の段階で例年の三倍近い大幅増となっているが、近年の弾薬は大型の精密誘導弾のように単価そのものがべらぼうに高価なものが多いため金額だけでは安心ができない。

また、九州から南西地域にかけては大分を除いて大規模な弾薬庫が整備されておらず、これも解決が急務だ。さいわい、沖縄本島には極東最大と言われるアメリカ軍の嘉手納弾薬庫があり、これの共用化が望まれる（また、実現すれば沖縄におけるアメリカ軍専用施設の減少にもつながる）。

陸上自衛隊では、現在の中期防衛力整備計画（令和元年度〜五年度）において、すでに陸上自衛隊専用となる輸送船舶を調達する計画を進めており、これに九州以南の弾薬庫整備と備蓄弾薬量の増加があわされれば、有事即応態勢の大幅な向上が期待できるだろう。

終章

「戦うため」でなく、「戦いを避けるため」の防衛力

解説：稲葉義泰

平和な日常は、安全保障の基盤があってこそ

ここまで本書で見てきたように、安保関連三文書において明記された日本の今後の安全保障戦略および防衛戦略は、これまでの自衛隊の姿を一変させると言っても過言ではない内容をはらんでいるものである。従って、日本が目指す将来の自衛隊像は、これまでの防衛力整備の延長線上にあるものではなく、それとは一線を画すものとなる。

たとえば、反撃能力に関しては、憲法の解釈上ではその保有が認められるものの、これまで政策上保有しないとされてきた能力である。さらに、宇宙やサイバー、電磁波領域といったいわゆる新領域に関する能力や、無人アセットのような今後の人口減少社会を見据えた際に重要となる能力、そして弾薬や部品の調達、施設の改修などによる自衛隊の強靭化や国民保護など、いずれも有事への対応をこれまで以上に強く意識した取り組みに見える。また、こうした能力の獲得を達成するべく、今後五年間で約四三兆円もの予算を積み上げることも決定されている。

こうした一連の動きに関して、世間では「日本の大軍拡」といった批判的な意見も少なからず見受けられる。たしかに、今起きている、そしてこれから起きるであろうことだけを単純に考えてみると、そう見えるかもしれない。しかし、これは日本が軍事力を一方的に拡張するという話ではなく、あくまでも中国や北朝鮮、さらにロシアといった周辺国の軍事的動向に対応するためのものであることを忘れてはならない。

日本が防衛力を整備する目的、それは他国による侵攻を思いとどまらせる「抑止」にある。周辺国の軍事的な脅威に着目して、それに対処し、日本の安全を守るために必要な能力を保有する。そうすれば、もしどこかの国が日本に攻撃を仕掛けてきたとしても、その目的を達成するためには自衛隊を打ち破らなければならない。その自衛隊が強靭な能力を有していれば、目的達成には莫大な対価を支払わなければならなくなり、そうなれば、相手国は日本を攻撃しようという考えそのものをあきらめることになるだろう。あるいは、日本の防衛力が高まることにより、朝鮮半島や台湾をめぐる有事への対応力も高まり、地域内における武力紛争発生の可能性を抑えることが期待される。つまり、日本は他国と「戦うため」に防衛力を整備するのではなく、「戦いを避けるため」にこれを整備するのである。

ウクライナで起きていることを見れば一目瞭然だが、一度戦いが起きてしまえば、日常は一挙に吹き飛んでしまう。私たちの平和な暮らしも、しっかりとした安全保障の基盤があってこそであり、そしてそれは当然、時代の流れや周辺環境の変化にともなってアップデートされていかねばならない。日本はまさに、そんなアップデートの時代に突入したといえるだろう。

◎著者プロフィール

稲葉義泰《いなばよしひろ》

専修大学大学院法学研究科公法学専攻 博士後期課程在学。主に国際法や自衛隊法などを研究。また『軍事研究』等の軍事専門誌で軍事を法的側面から分析した記事を多数寄稿している。近著は『「戦争」は許されるのか? 国際法で読み解く武力行使のルール』など。

JSF

2000年代初頭からインターネット上のブログ等で活動開始、2013年1月からYahoo!ニュース個人（現Yahoo!ニュース エキスパート）で執筆を開始。現代兵器の動向を追い、多くの解説記事を執筆している。

数多久遠《あまたくおん》

元航空自衛隊幹部自衛官。現作家兼軍事評論家。『黎明の笛』で作家デビュー。テクノスリラーを中心に自衛隊を描いた小説を執筆する傍ら評論活動も行う。著作に『悪魔のウイルス』、『深淵の覇者』、『航空自衛隊 副官 怜於奈』シリーズなど。

井上孝司《いのうえこうじ》

1999年春にマイクロソフト株式会社(当時)を退職して独立。現在は航空・軍事・鉄道といった分野で著述活動を展開中。メカニズムや各種システムを得意分野とする。近著は『わかりやすい防衛テクノロジー・シリーズ』より『F-35とステルス』、『指揮管制とAI』など。

芦川 淳《あしかわじゅん》

雑誌編集者を経て1990年代末頃から防衛ジャーナリストとして活動開始。『軍事研究』や『JグランドEX』など専門誌を軸に自衛隊の現状を伝える記事を寄稿しつつ、一般書籍やTV番組の企画や監修等にも携わる。近著は『自衛隊と戦争』など。

“戦える”自衛隊へ

安全保障関連三文書で変化する自衛隊

2023年10月30日発行

著　者 ―――― 稲葉義泰
ＪＳＦ
数多久遠
井上孝司
芦川淳

イラスト ―――― ヒライユキオ
企画・構成 ―――― 綾部剛之
装丁 ―――― STOL
本文デザイン―――― イカロス出版デザイン制作室
編集―――― 浅井太輔
発行人 ―――― 山手章弘
発行所 ―――― イカロス出版株式会社
〒101-0051
東京都千代田区神田神保町 1-105
編集部　mc@ikaros.co.jp
出版営業部　sales@ikaros.co.jp
印刷所 ―――― 図書印刷株式会社
Printed in Japan